"十三五"国家重点出版物出版规划项目
诺贝尔经济学奖获得者丛书

人工智能科学

（第三版）

赫伯特·A. 西蒙

（Herbert A. Simon）

著

陈耿宣　陈桓亘

译

中国人民大学出版社

·北京·

前　言

作为科学领域的一名学习者和高科技领域的天使投资人，我时常对西蒙教授等大家的洞察力感到惊奇，他们不仅加深了我们对人工智能的了解，而且还正确预测了人类前进的道路。2018 年 9 月，我有幸在上海参加世界人工智能大会百度主题论坛，并且发表了有关人工智能发展现状的演讲。这篇演讲于 2018 年 12 月发表在《哈佛商业评论》（中文版）上。然而，或许让读者感到有些惊讶的是，这本书在 1969 年第一次出版时的理论和观点到如今仍颇具现实意义。因此，我冒昧地把我在 2018 年时的发现和在本书中西蒙教授的论点进行了一次对比。

西蒙教授认为，若某系统是因某特定目标或因适应环境目的而建造，则该系统可称为人工系统。人工智能只是西蒙教授研究人工科学的一个下属分支。当涉及记忆信息检索时，西蒙教授将人工智能同认知心理学联系起来；当涉及程序合理性时，又将人工智能与操作研究联系起来；相较于简单的行为模仿，他采用了模拟的方式进行论述。相比"人工智能"这样的词汇，他更喜欢像"复杂信息处理"和"认知过程模拟"这样的表达，但最终还是选用了"人工智能"一词。他认为随着时间的推移，"人工智能"会更符合人们的表达习惯。如今可以看出，他的预测毫无疑问是正确的，并且人工智能目前也已成为人工科学的重要组成部分。

西蒙教授在大多数论述中都会强调心理学也属于人工科学。为了证明这一论点，西蒙教授着重强调了关于人类记忆结构的假设和关于语言处理系统的假设之间存在的相似特点。他认为语言是最具人工特点的事物，也是所有人类事物中最人性化的东西。他还提到，翻译中的困难不仅在于句法，还在于需要了解语境和背景信息，以及理解语义信息在自然语言和视觉感知中所起到的作用。

当今人工智能的发展和进步主要体现在视觉识别和语言识别这两个领域。这些领域的进步主要得益于谷歌和百度等公司的大量资源和存储、计算能力的大幅提升。然而，现在尚未完善的人工智能翻译却再次证明了西蒙教授 50 多年前所提出的理论的准确性。

西蒙教授在思维和大脑的区分上投入颇多。他将大脑看作是生理机能的一部分，就如计算机中的硬件，只是大脑中的思维是人的想法的呈现。他强调，人类的大脑和计算机中的硬件不同，但这并不会阻碍计算机思维能力的发展，也不会阻碍其适应能力的提高。

人们曾采用人工智能来模仿人类大脑的结构，并重点关注集中系统。然而，西蒙教授强调的是通过反馈回路来进行系统调节，而不是通过集中系统或直接机构来调节。他认为，人类对地球的统治归因于我们对于周围环境有了更加理性的认知，而不再过多关注与我们无关的事情。他还认为，在有界理性环境中，同时使用市场和管理机制能够使社会分工变得更加具体；决策者只根据现有信息做出决定往往会使结果更加令人满意。一些人工智能领域的公司近来所使用的分布式网络结构也遵循这一逻辑。

这种模式也符合我的核心理念，即我们应该提升人工智能的竞争架构（硬件和软件），以确保检测能够正常进行并使系统达到平衡状态。随着人工智能不断发展，竞争架构不断提升，系统中的任一节点都不足以对整个系统产生影响，这就如同美国政府的运作方式。我们设计人工智能系统，大多是想让其如同人类大脑一样工作，但本质上还是采用中央集成处理方式。同时，人们也研发出新的竞争系统，该系统允许分布式网络以多个不同节点的集体力量而非单一中心节点进行任务分析和决策制定。这些系统与美国国会的结构（参议院和众议院）非常相似，两院均由不同选区的代表共同组成，每一个代表的权力并不大，但作为一个整体机构，其权力却可以与总统的权力抗衡。有意思的是，西蒙教授在谈到在有界理性的环境中需要建立令人满足的而非最优化的机制时，也提到了美国宪法的成功之处。

科技行业现在更加关注人工智能的一般性用途，并将学习和发现机制纳入人工智能系统中，以提高它们对环境的适应能力，与此同时不断提升其工作效率。西蒙教授曾认为，所有人工物一开始都具备某种适应能力，它们可以利用这一特性获得新的表现形式以及对应策略，因此面对专业化环境时能熟练应对。同时，适应能力也是人类有机体的典型特征。埃隆·马斯克（Elon Musk）和史蒂芬·霍金（Stephen Hawking）表示，人工智能机器的行为可能会对人类不利，还可能会削弱人类的决策能力。尽管在目前看来出现这种情况的风险很低，但是随着通用人工智能不断地达到新的高度，这种对人类不利的风险会逐渐增加。

不少人已经察觉到了这种风险，西蒙教授认为，"对人类有利的知识"并不能促使人类做出最正确的选择。众所周知，只有极少数病人会按照处方服用药物。因此，我们应该积极采取相应措施，不断努力建设出一个对社会有益的人工智能系统。过去我曾建议，我们应该鼓励竞争性的、截然不同的硬件技术和系统架构,以确保当人工智能发挥其潜力时,它能继续为人类服务,并且有足够的保护措施以避免算法失控或不法分子控制人工系统的情况。读完本书后,你可能会得出类似的结论或者有更好的想法。

西蒙教授认为,科学的目标在于让精妙复杂的东西变得简单易懂,却又不失其惊奇之处。我希望本书读者也能获得这样的阅读体验。

祝各位阅读愉快!

潘卡基·马斯卡拉(Pankaj Maskara)

佛罗里达州劳德代尔堡

2021 年 6 月

第三版序

《人工智能科学》（*The Sciences of the Artificial*）上一次修订还是在 1981 年，在此期间地球已自转了 5 000 多圈。我们对世界的认知也相应地有所改变。与此同时，本书的内容又应做出哪些调整呢？我们提出这一问题也正逢其时。不仅如此，由于人们近来对复杂性（complexity）和复杂系统（complex systems）的兴趣不断高涨，在这一点上理所应当需要我们重视。

在本书的前两版中，我只是简要地论及了复杂性的一般概念与本书主要谈论的特殊复杂性层级形式之间的关系。现在我新增了一章内容来专门弥补这一不足。读者阅读此章后就会发现，热爱复杂性的人（我也是其中之一）其实是一个庞杂的阵营，他们在很多问题上的看法并不一致，比如对于还原论（reductionism）的认知就大不相同。在这个阵营当中，人们所选择的分析复杂性的工具也大相径庭，他们有人喜欢谈论"混沌"（chaos）、"自适应系统"（adaptive systems）和"遗传算法"（genetic algorithms）等诸如此类的概念。在新增的第 7 章"有关复杂性的不同观点"中（"复杂性的构造：层级系统"成为第 8 章），我对这些主题都进行了梳理，让大家更加明白人工性（artificiality）和层级（hierarchy）对于复杂性的意义。

第三版的修订都是对先前内容的增补和更新。自 1981 年以来人们在认知心理学（第 3 章和第 4 章）和设计科学（第 5 章和第 6 章）方面所取得的重要进展对本书的编写起到了很重要的作用。这两个领域持续快速发展，要求我需要参考更多的资料，令我感到欣慰的是，在拓展的同时，本书的基本论点不断地得到了证实。本书第 2 章的着重点会有所变化，这也体现了我对经济系统中的组织和市场作用的认知有所提高。

本书第三版和前两版一样，都将献给我的半生老友——艾伦·纽厄尔（Allen Newell），而这一次，我只能是缅怀了。他生前最后一本著作——《认知的统一理论》（*Unified Theories of Cognition*）为增强我们对智能系统（intelligent systems）的理解起到了很好的引导作用。

我非常感激我的助理希尔夫女士（Janet Hilf），感谢她为我此次的修订稿件争取了宝贵时间，感谢希尔夫女士为此书的出版所做出的努力和帮助。另外，在麻省理工学院出版社，坎托-亚当斯（Deborah Cantor-Adams）对初稿进行了细心审改，与出版社来往的修订过程也给我留下了美好的回忆。对于她，我也深表感激。

我在本书前两版的序中就一些人士所提供的帮助、咨询以及友情表达了我的谢意。除此之外，我还想特别地感谢一下几位同事，他们对于本书中新的主题的想法给了我很大的启发。他们分别是：埃里克松（Anders Ericsson），我与他一起探讨了协议分析（protocol analysis）的理论与实践部分；兰利（Pat Langley）、布拉德肖（Gary Bradshaw）和基特科夫（Jan Zytkow），他们与我共同研究了科学发现的过程；还有安西祐一郎（Anzai Yuichiro）、戈贝（Fernand Gobet）、岩崎由美（Iwasaki Yumi）、库尔卡尼（Deepak Kulkarni）、拉金（Jill Larkin）、穆瓦涅（Jean-Louis Le Moigne）、莱昂纳多（Anthony Leonardo）、秦裕林（Yulin Qin）、里奇曼（Howard Richman）、沈为民（Weimin Shen）、斯塔谢夫斯基（Jim Staszewski）、塔巴赫奈克（Hermina Tabachneck）、张国骏（Guojung Zhang）以及朱新明（Xinming Zhu）。其实，我还有很多需要感激的人，但我不知如何才能避免这种疏漏，所以我干脆向我的所有朋友和合作者，无论上面是否提及，都表示深深的谢忱。

我在第 1 章中提出，科学的目标在于让精妙复杂的东西变得简单易懂，却又不失其惊奇之处。 如果读者在阅读《人工智能科学》（第三版）时发现我达成了上述目标，哪怕只是那么一点点，我也将感到万分高兴。

赫伯特·A. 西蒙

宾夕法尼亚，匹兹堡

1996 年 1 月 1 日

第二版序

本书以赋格的形式呈现（书中各内容之间会形成对比），本书主题及其对题首次出现在我在欧洲大陆两端开展的两次讲学中（其间隔十年有余）。 但是，这些主题和对题将交替贯穿于全书之中。

1968 年春，我受麻省理工学院康普顿（Karl Taylor Compton）的邀请去麻省理工学院讲学。 这让我有机会把我研究的中心论点表达清楚详尽，首先是在组织理论领域，然后是在经济学和管理科学领域，最近是在心理学领域。

1980 年，我又受加利福尼亚大学伯克利分校的盖瑟（H. Rowan Gaither）的邀请前去讲学，趁此机会我对之前的论点进行了修改和扩充，并将其应用到其他几个新的领域。

某些现象在某种特定意义上也属于"人工"（artificial）现象，这是我提出的中心论点。 换句话说，这些现象之所以是我们现在看到的这个样子，只是由该系统在人的目标（或目的）的作用下，不断适应周围的环境造成的。如果说服从自然法则的自然现象具有必然性，则人工现象会随环境而变化，即具有偶然性。

偶然发生的人工现象总会使人疑惑：这些现象是否属于科学范畴内的问题呢？有时人们会对人工系统的目标导向性感到疑惑，也会担心能否从这些表象中提取出惯用性质。我觉得，真正的困难不在于此，而是要展示在不同的环境下如何对系统提出经验命题，而这些系统可能与实际情况截然不同。

大约40年前我几乎是刚刚开始研究管理组织，当时我就遇到了非常纯粹的人工性问题：

> 管理颇像演戏。好的演员的任务是理解并扮演好自己的每一个角色，即使不同角色性格特点迥异。演出的效果将取决于剧本和表演的效果。管理过程的成效也会随着其组织和组织成员的成效的变化而改变。[《管理行为》（Administrative Behavior），252页。]

那么若要构造一种管理理论，除了包含优秀的管理规范之外，我们还应该做些什么呢？尤为重要的是我们怎样才能构造出一种经验理论呢？我在有关管理行为的著作中［尤其是在

《管理行为》和《人的模型》（*Models of Man*）的第四部分中］专门回答了这些问题，其中指出人工现象的经验内容（凌驾于偶然性之上的必然性）源于行为系统还并不能完美适应周围环境，我称之为人类理性的局限性。

随着我研究的领域不断扩大，我渐渐明白人工性问题并不局限于管理与组织，其对其他学科也会产生影响。经济学中已经假设了经济人具有理性特征，那么可以说经济人是非常独到老练的演员，他的行为可以反映环境加给他的一些要求，但是根本反映不了经济人的认知构造。这一问题一定会超出经济学的范畴，延伸到与理性行为（思维、解决问题、学习）有关的心理学领域。

最后我发现，由人工性可以解释为什么工程或其他专业难以用不属于本专业的学科的经验材料和理论材料来补充这一问题。工程、医药、商业、建筑、绘画这些领域关心的不是必然性而是偶然性问题——不关心事物是怎样的，而关心事物可以成为怎样，简而言之，关心的是设计。创造一门或多门设计科学的可能性与创造任何人工科学的可能性一样大。这两种可能性是相互依存的关系。

我的这些论文试图说明人工科学是如何实现的，并试图说明它的性质。我主要以下面这些领域为例：经济学（第 2 章），认知心理学（第 3 章和第 4 章），规划和工程设计（第 5

章和第 6 章）。由于康普顿不仅是一名杰出的科学家，还是一名杰出的工程教育家，我觉得把我有关设计的结论直接应用到重构工程课程的问题上也并非不可（第 5 章）。同样，我们在第 6 章中可以发现，盖瑟也非常希望能把系统分析法应用到公共政策的制定当中。

当人工性问题涉及复杂环境中的复杂系统时，读者就会感受到人工性问题的趣味与奥妙所在。人工性与复杂性问题相互依存、相互交织，不可单独言之。正因如此，我把自己早期的论文《复杂性的构造》（The Architecture of Complexity）收录到了本书的第 8 章之中。我之前的讲学对这些问题只能简单提及，而本书对这些内容做了详细讲解。该文首次登载于1962 年 12 月的《美国哲学协会会议录》（Proceedings of the American Philosophical Society）。

我尤其想感谢艾伦·纽厄尔，因为我们合作的时间已经长达 20 年之久，我也想谨以此书献给我的挚友艾伦。如果本书中存在与艾伦不同的观点，想必是我自己出错了，但对于其他正确的部分，他起到了决定性作用。

我的许多想法，特别是在第 3 章和第 4 章中的想法，都是在和我已过世的同事格雷格（Lee W. Gregg）一起共事时想出来的，当然还包括众多现在以及当年的研究生，他们对本书的很多部分都提供了帮助。对于这些研究生，我特别想提及以下几位：科尔斯（L. Stephen Coles）、费根鲍姆（Edward A. Feigenbaum）、格拉森（John Grason）、兰利（Pat Langley）、林赛（Robert K. Lindsay）、尼夫斯（David Neves）、奎利恩（Ross Quillian）、西克罗西（Laurent Siklóssy）、威廉斯（Donald S. Williams）和威廉斯（Thomas G. Williams）。他们所做的工作对本书所讨论的内容意义重大。

在第 8 章的之前版本中，许多有价值的建议和资料都是由科纳（George W. Corner）、迈耶（Richard H. Meier）、普拉特（John R. Platt）、舍尼（Andrew Schoene）、韦弗（Warren Weaver）和怀斯（William Wise）等人提供的。

本书中所阐述的大部分心理学研究都受到了国家心理卫生研究所的公共卫生服务部研究基金（代号 MH－07722）的支持。第 5 章和第 6 章中一些有关设计的研究是由国防部长办公室先进研究计划署资助完成的（代号 SD－146）。得益于卡内基公司、福特基金会和艾尔弗雷德·P. 斯隆基金会提供的资助，我们才能够在卡内基·梅隆大学做长达 20 多年的研究，以加深我们对人工现象的理解。

最后，我想对麻省理工学院和加利福尼亚大学伯克利分校表示感谢，感谢它们给我机会能在这两所充满活力的校园里讲学，同时让我对两校人工科学研究的现状也有了更加深入的了解。

它们同意我将这些讲学内容统一发表，对此我也深表谢意。第 1、第 3 和第 5 章是我在加利福尼亚大学伯克利分校讲学的内容，第 2、第 4 和第 6 章是我在麻省理工学院讲学的内容。由于本书第一版（麻省理工学院出版社 1969 年出版）已被大众所接受，我仅对第 1、第 3、第 5 和第 8 章做了一些改动，对一些比较明显的错误做了修正，并增添了一些新内容。

目　录

1

理解自然界和人工界

在距牛顿生活的时代大约 300 年后，人类对物质科学和生物科学的理解已更为深入，对自然科学这一概念也有了足够的认知。自然科学是关于世界上某一类事物或现象的知识体系，从中我们可以了解到这些事物的特征和特性，以及这些事物之间的行为和交互方式。

自然科学的作用是让我们常人也能理解那些令人惊奇的事物：我们如果采用正确的方式去看待事物，那么你会发现，那些复杂的表面往往蕴藏着一些简单的原理，而自然科学就是在这复杂之下寻找那些简单的固有模式。荷兰早期物理学家西蒙·史蒂文（Simon Stevin）画了一幅精美图画（见图 1-1），他表示通过这幅画人们可以很容易理解斜面定律，因为永动机是不存在的，而且经验和常识会告诉我们，这幅画中的球链既不会向左也不会向右旋转，而是保持静止状态。（球链的旋转并不会在图形中产生任何影响，那么球链一旦开始运动，将永不停止。）又因为球链的悬垂部分是对称的，我们快速截去球链悬垂部分，球链仍然可以保持平衡。截去悬垂部分之后，长斜面一侧的球与较短较陡的斜面一侧的球保持平衡，球的数目与该侧斜面倾角的正弦值成反比。

史蒂文对于自己设计的斜面球链图非常满意，并在外面画了一幅装饰图案，图案的上部写着：

WONDER，EN IS GHEEN WONDER

3

意思是："妙极了，但仍可探其奥秘。"

图 1-1　史蒂文通过设计这幅装饰图案来说明
他是如何导出斜面定律的

自然科学正是要表明：即使是令人惊奇的事物，同样是可以通俗易懂的，并且让人们在探其究竟时仍可以保持惊奇之心。

当我们将这些令人惊奇的事解释清楚后，其神秘感也随之消失了，不过人们还是会感到好奇——好奇这些简单的模式又是如何变得如此复杂的。其实自然科学与数学给人带来的美感同音乐和美术给人带来的美感一样，都是将隐藏在复杂之下的那些最简单的东西呈献给大家。

我们如今生活的世界其实已经不是自然界了，已然成为人工界或者说是人造（man-made）界。① 因为在我们生存的环境

————————

①　我偶尔会将"男人"（man）作为雌雄同体的名词，包括两性，将"他"（he）、"他的"（his）和"他"（him）作为雌雄同体的代词，在其范围内包括女性和男性。

中，几乎每一事物都能找到人工的踪迹。在我们生活的环境中，我们可以将环境温度保持在 20℃ 左右；我们还可以调节空气湿度；我们所吸入的污染物基本上都是因为人的存在才有的（同时也是由人对其进行过滤）。

另外，对于大多数人（白领工作者）来说，他们生活的环境主要是由一连串人造物构成的，我们将这些人造物称为各种"符号"。我们通过眼睛和耳朵接收这些以文字和语言形式出现的"符号"，又通过嘴和手所做的那样将已出现的"符号"传递到我们的生存环境中——正如我现在在用文字和语言传递"符号"一样。而支配这些"符号"的法则、决定何时发送和接收符号的场合以及决定符号的内容都是我们集体智慧的产物。

也许有人会反对说，我夸大了我们这个世界的人工化程度。正如石头一样，我们人类同样必须遵循重力法则；作为生物体，人在食物以及其他许多方面都必须依赖现实的生物界。我承认我在措辞上是有一些夸张，但是我想在此声明，对于世界的人工化程度，我并没有夸大其词。如果说宇航员甚至飞行员服从重力法则，因此他们就完全是一种自然的存在物，这一说法也是成立的。但是，这一说法要求我们对"服从"自然法则的含义有更加精微的理解。亚里士多德（Aristotle）并不认为重物上升、轻物坠落是自然现象［《物理学》（Physics），第 4 册］，但是，我们所理解的"自然"很可能比亚里士多德所理解的更加深刻。

5

同时，我们需要注意的是，我们不能轻易将"生物"和"自然"这两个概念等同起来。森林也许是自然的产物，但农场就不是了。人们的食物依赖的物种，如玉米、牛等，都是人类智慧的产物。因为牛犁过的田地就如同沥青道路一样，都不是大自然的产物。

这些例子就为我们解决问题设立了限定条件，因为这些人工物都并未完全脱离自然。它们仍需要服从自然法则。同时，它们适应人类的目标和意图。为了满足人们渴望飞翔和吃得更好的愿望，它们才成为我们今天所看到的样子。人类的目标改变了，人工物也会随之改变；人工物的改变同时也意味着人类目标的改变。

科学如果涵盖这些体现了人类目标和自然法则的物体和现象，则必须具有将这两个不同部分联系在一起的方法。这些方法的特点，以及这些方法在特定知识领域——经济学、心理学、设计学——的隐含意义，是本书的重点。

人工界

自然科学是有关自然物体和自然现象的学科。那么是否存在关于人工物体和人工现象的学科呢？"人工的"（artificial）一直被认为是贬义的，我对此感到十分遗憾。所以在正式阐述之前，我希望先解释清楚"人工的"一词。"人工的"在字典中的释义是"由人造的，而不是由自然造的；非天然的；矫揉造作的；与事物本质无关的"。其近义词包括："矫揉造作的""虚假的""虚构的""假装的""虚伪的""冒充的""捏造的""不自然的"。词典中所举的反义词还包括："事实上的""真的""诚实的""自然的""现实的""真挚的"。从人类的语言当中就可以看出，人类对其本身的创造物是极其不信任的。我不打算对其进行评价，也不打算探索其可能存在的心理根源。但是大家必须得理解，我在使用"人工的"一词时，在尽可能地取其中性意义，指"人造的"（man-made），与"自然的"（natural）相对。①

在某些情况下，"artificial"（人造的，人工的）与"synthetic"（合成的）有所区别。例如，一颗由玻璃制成、颜色与蓝宝石相似的宝石被称为人造（artificial）宝石，而一颗在化学结构上与蓝宝石无法区分的人造宝石则被称为合成（synthetic）

---

① 我对这样的措辞并不负责。我使用"人工"一词就是从"人工智能"（artificial intelligence）中得来的，而"人工智能"这个词是从麻省理工学院诞生的。我所在的兰德公司和卡内基·梅隆大学的研究团队仍然喜欢采用"复杂信息处理"（complex information processing）和"认知过程模拟"（simulation of cognitive processes）这样的表达。但是，在选择术语上，我们又面临着新的困难，因为在字典上，"模拟"（simulate）是指"有某物的外观或者形式，而不具备其本质；模仿；伪造；假装"。不管怎样，"人工智能"这一表达已站稳了脚跟，也许去澄清这一表达比舍弃它更加容易。以后，这一用法大家也会觉得习以为常，也不会再是修辞学上的攻击目标了。

宝石。"人造"橡胶和"合成"橡胶同样是有区别的。因此，有些人工物是自然物的模仿品。模仿品的基本材料可以与自然物相同，也可以不同。

一旦引入了"合成"（synthesis）和"人造"（artifice）这两个概念，我们便进入了工程学领域。因为"合成"一词比"设计"和"组成"的意义更广。我们所指的工程学注重"合成"，而科学注重"分析"。获得合成物或者人工物，说得更具体一点，获得具备人类期待特性的人造物，是工程活动的主要任务。工程师（或设计师）关心的是，要想达到目的，我们应该怎么做。因此，人工科学会和工程科学（science of engineering）非常相像，但与目前所谓的工程学（engineering science）大相径庭。二者的区别将在本书第 5 章中进行讨论。

在谈论目标问题与"应当如何"的问题时，我们同样引入了规范性和描述性两个对立的概念。自然科学已经找到方法可以将规范性内容排除在外，专门研究事物本身。我们从自然现象转向人工现象，从分析事物转向合成事物时，还能够（或应该）继续排除规范性吗?①

---

① 该问题还将在第 5 章详细讨论。我采取的是我在《管理行为》（*Adminis-trative Behavior*，New York：Macmillan，1976）第 3 章中描述过的早期实证主义立场，其中"应当如何"的问题无法转化为"是什么"的问题。这一立场与将自然的或人工的目标寻求系统作为现象处理而不究其目标的做法是完全一致的。见上书附录，又可参见 A. Rosenbluth，N. Wiener，and J. Bigelow，"Behavior，Purpose，and Teleology，" *Philosophy of Science*，10（1943）：18 - 24。

我们至此已说明了区分人工物和自然物的如下四个方面，因此我们可以界定人工科学的范围了：

（1）人工物是由人工合成的（虽然并不总是事先计划好的）。

（2）人工物可以模仿自然物的外表，但至少在某一方面缺少自然物的本质特征。

（3）人工物有功能性、目的性、适应性三个特点。

（4）在规范性和描述性方面，人工物经常是被讨论的对象，尤其是在设计阶段。

环境模型

我们将着重讨论人工物的功能性和目的性。若想达到目的性和适应性目标，涉及以下三个方面的关系：目的（目标）；人工物性质；人工物所处的环境。如果我们从目的性角度来看待钟表，连小孩子也明白："钟表是用来看时间的。"如果只关注钟表本身，我们则可以从另一些角度加以描述，如齿轮的布置、弹簧力或作用于钟表的重力之类的。

但是，我们同样会考虑钟表所工作的环境是怎样的。在阳光充沛的地方，日晷就可以当钟表使用。日晷在菲尼克斯

（Phoenix）比在波士顿更有用，而在冬日北极则毫无用处。18
世纪科学技术面临的艰巨挑战之一便是要发明一种在颠簸摇晃
的船上仍能指时的钟表，而且还要高精度，以给船员确定经度。
要想在这种艰难的环境中仍能走时，那么这种钟表必须具备不
少精巧特性，而这些精巧特性对于在陆地使用则几乎没有用。

　　自然科学对人工物的两个方面有影响：人工物的自身结构
及其工作环境。一只钟能否指时，取决于其自身的内部结构以
及其所在的环境。就像一把刀能否切断东西，取决于其刀片是
否锋利以及待切物体的硬度。

人工物之"界面"

　　我们可以从对称的角度来看待这一问题。人工物可以看作
是一种交汇点，用当今的术语来讲就是"界面"，即人工物"内
部"环境（人工物自身的物质和结构）和"外部"环境（人工
物所工作的环境）之间的界面。如果内部环境与外部环境能够
相互适应，人工物就能够满足人的需求。所以，如果时钟不怕
晃动，便可作为船舶的航行钟。反之，如果时钟经不住晃动，
我们倒不如把它镶在家中的壁炉架之上。

　　这种将人工物看作界面的思想方法对于其他许多非人工物
同样行之有效，实际上对于所有适用于某种情形的事物都一样，
对于在生命进化作用下发展至今的生命系统尤为适用。研究飞

机的理论可以借用自然科学对其内部环境（如动力装置）、外部环境（不同高度的大气性质）、内外部环境之间的关系（如机翼在空气中的运动）进行解释。研究鸟的理论也可以用同样的方式进行。

假设我们研究一架飞机，或者一只鸟，我们可以用自然科学的方法来分析它们，而不用在目的性和适应性上花费精力，也不需要考虑我所说的内部环境和外部环境之间的界面。毕竟，飞机或鸟的行为都完全受自然法则的支配，任何其他事物也一样（至少我们都相信飞机是这样的，大多数人也相信鸟儿是这样的）。[①]

功能性解释

从另一方面看，即使区分内外部环境对于分析飞机和鸟的案例来说并不是必要步骤，但这至少使我们在对其进行分析时会更加方便。我得出这样的结论是有原因的，你阅读下面的例子时就可以体会到。

北极的许多动物都有白色的皮毛。我们通常会这样解释：白色是北极环境中最合适的颜色，因为白色的动物较其他颜色

---

① 广义上来讲，无论是对于人工系统还是自然系统，这种内外环境分离的观点都是适用的，对于所有复杂的庞大体系都能够找出某种程度的分离。总的来讲，整个自然界都是按不同"层次"组织而成的。我的论文《复杂性的构造》（本书第8章）将更全面、更详细地对其进行论述。

的动物而言更不易被发现。可是自然科学并不会做出这样的解释，而是借助目的性和功能性对其进行分析。也就是说，这类白色动物会"成功"，即在这种环境中可以生存。如果对其再进行解释，则我们需要引入自然选择或其他等效机制的概念。

做出这样的解释需要对外部环境有所了解。当我们观察周围的冰雪环境时便可以预测到其中动物的主色调；对于这些动物的生物学知识我们无须知道多少，只要知道以下几点就行了：动物们经常处于敌对状态，它们通过寻找视觉线索来行动，并能够适应周围的环境（这些都是通过自然选择或其他机制完成的）。

理性在人类行为科学中所起的作用与自然选择在进化生物学中所起的作用是类似的。我们只需要知道一个经营组织是利润最大的体系，因此我们可以预知，如果我们改变其所处的环境，对其产品增加税费，经营组织会如何做出改变。我们有时可以进行这种预测（经济学家也在不断做出这种预测），而无须对适应机制（即构成企业内部环境的决策机构）做出详细假定。

因此，在研究一个自适应系统或人工系统时，将外部环境与内部环境区分开来的第一个好处是，只要对内部环境做极少的假定，我们经常就可根据对系统目标和系统外部环境的了解来预测行为。由此我们可以立刻得出推论：不同的内部环境在相同的外部环境下实现的目的也可以是相同的——例如飞机和鸟类、海豚和金枪鱼、重量驱动的时钟和电池驱动的时钟、电气继电器和晶体管。

从内部环境来看，这种划分也有相应的好处。在很多情况下，一个特定的系统能否实现特定的目标或适应环境只取决于外部环境的某几个特征，而与外部环境的细节根本无关。生物学家对自适应系统的这种特性很熟悉，他们称之为体内平衡（homeostasis）。无论是对于生物设计还是人工设计，多数优秀设计的一个重要特性就是体内平衡。设计者以这样或那样的方式将内部系统与环境隔离开来，这样内部系统和目标之间就保持着不变的关系，而不受外部环境特征的大多数参数在很大范围内变化的影响。船上的天文钟对船的倾斜只在消极意义上做出反应，它的表盘上的指针与实时保持不变的关系，独立于船的运动。

通过各种形式的被动绝缘、无功负反馈（最常讨论的绝缘形式）、预测适应或这些的各种组合，可以保持与外部环境的准独立性。

功能性描述与合成

把自适应系统分解为目标、外部环境和内部环境还是有一定优势的，对于设计师来说，他们还是希望能把这些优势结合起来使用。我们希望在忽略内外部环境细节的前提下，能够将这些系统的主要特征以及行为描述出来。我们希望人工科学可以主要通过这种简单的思维方式来获取一些可用于各领域的通用法则。

假设我们需要设计一个物理装置以当作计算器来使用。我们如果希望这个装置能够计算到 1 000，也就是说，它至少能够处理 1 000 种计算状态，而且还需要具备在保持给定状态的同时随时能够切换到下一状态的能力，这种装置的内部状态有几十种之多。一个每隔 20 弧分刻有一个槽口的轮子与一个转动和止住该轮的棘爪装置结合起来就能达到目的。如果将十个电气开关适当地连接成串来表示二进制数，也可达到目的。如今，我们可能不用电气开关，而采用晶体管或其他固体器件来启动设备。①

我们的计算器可以通过外接某种脉冲（机械脉冲或电脉冲，根据具体情况而定）来启动。但是通过在两种环境之间建立一个合适的传感器，内部脉冲的物理特性可以不受外部脉冲物理特性的影响，这样计算器就可以完成计算的工作。

从装置的组织和功能方面（即内部环境与外部环境的界面）对装置进行描述是发明活动与设计活动的重要任务。以下是 1919 年一个改良电动机控制器专利状中的声明，工程师应该对

---

① 近年来，计算机功能等价理论有了长足的发展。参见 Marvin L. Minsky, *Computation: Finite and Infinite Machines* (Englewood Cliffs, N. J.: Prentice-Hall, 1967), chapters 1 – 4。

此并不陌生：

> 我所声明的新颖的并要求得到专利状保护的东西是：
> 在电动机控制器中，结合反转方式和电场减弱方式，
> 上述电场减弱方式在电动机启动时将不起作用，电动机启
> 动后所起的作用程度各不相同，作用程度可通过反转方式
> 来调节。①

我们除了知道本发明与电动机的控制有关外，这个例子中
也没有提到具体的物体或现象，其中却提及"反转方式"和
"电场减弱方式"，其作用在专利声明中已经说得很清楚：

> 图标中特定型号的电动机及其控制方法的优点对于那
> 些在行的人来说是很容易理解的。该电动机启动转矩高，
> 所以反转速度很快，这一优点尤为突出。②

现在，我们假设这台电动机安装在了一台龙门刨床上（见
图 1-2）。以下是其发明人对该装置工作过程的描述：

---

①② U. S. Patent 1, 307, 836, granted to Arthur Simon, June 24, 1919.

现在参照图 1-2 可知，该控制器与由电动机 M 运作的刨床（100）相连，该控制器可以控制电动机 M，并可根据龙门刨床的往复床（101）自动调节。控制器的主轴上有一个控制杆（102），控制杆（102）通过连杆（103）连接到安装在刨床框架上的控制杆（104），控制杆又直接伸入刨床上的凸耳（105）和（106）上。这样我们就可以理解，刨床的反转运动是通过上述的连接布置完成的。控制器的主轴往复运动，从而影响反转开关（1）和（2），以及其他开关的状态，从而可以实现这种循环往复的运动。[①]

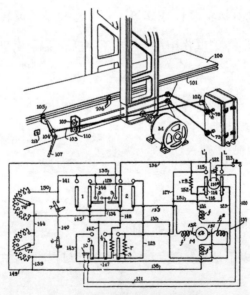

图 1-2　电动机控制器专利图示

---

① U. S. Patent 1，307，836，granted to Arthur Simon，June 24，1919.

以这种方式，内部环境被赋予的特性被置于外部环境的背景下为目标服务。电动机在刨床位置的控制下周期性地反转。其行为的"形状"，例如，与电动机相关的变量的时间路径，将是外部环境的"形状"——在此例子中是指刨床上凸耳之间的距离——的函数。

我们通过上述装置，从微观的角度阐述了人工物的性质。对于描述人工物的特点，最重要的是将内部系统与外部系统联系在一起。内部系统是一种自然现象的组织结构，能够在某些环境范围内达到目标，但通常会有许多功能相同的自然系统也能在某些环境中完成特定目标。

外部环境决定我们能否实现目标。如果内部系统设计合理，它就可以与外部环境相适应，那么它的具体表现将很大程度上受到外部环境的影响，就像"经济人"的情况一样。要预测它将如何表现，我们只需要问："一个合理设计的系统在这些情况下会如何表现？"行为以任务环境的形式呈现。①

适应力局限

但实际上事情比我们所讲的要复杂一些。事情的发展总不

---

① 关于适应力或理性的关键作用及其对经济学和组织理论的限制，请参阅 "Rationality and Administrative Decision Making," of my *Models of Man* (New York: Wiley, 1957); pp. 38 - 41, 80 - 81, and 240 - 244 of *Administrative Behavior*; 以及这本书的第二章。

是我们所预想的那样。内部环境完全契合外部环境的设计并不是总能实现。"打磨钻石的方法"定义了一个设计目标，我们可以通过使用不同的打磨材料来实现这一目标。但我们只有找到某种足够坚硬的能够打磨钻石且内部环境也符合自然规律的材料，才能完成设计目标。

通常，如果大部分设计目标能够达成，我们就很满足了。然后内部系统的一些性质就会"显现出来"。也就是说，系统的行为只会部分地响应任务环境，部分地，它将响应内部系统的限制属性。

因此，前面所述的电动机控制器旨在能够让电动机"快速"转动。但是电动机必须遵守电磁和机械定律，内部环境很容易遇到这样一种情况，即外部环境所需的转速已经超出了电动机本身的能力范围。在任务量不重的情况下，我们只是知道电动机被要求做的事情是什么；如果任务量过重，我们就会加深对其内部结构的了解，特别是对其内部限制表现性能的部分的了解。[1]

---

[1] 比较有关行政组织设计的相应命题："理性并不能决定行为。"在理性的范围内，行为是完全灵活的，可以适应能力、目标和知识。相反，行为是由理性范围内的非理性和非理性因素决定的……行政理论必须关注理性的界限，以及组织如何影响做出决定的人的这些界限（*Administrative Behavior*, p. 241）。对于心理学中出现的相同问题的讨论，可以参考"Cognitive Architectures and Rational Analysis: Comment," in Kurt Van Lehn (ed.), *Architectures for Intelligence* (Hillsdale, NJ: Erlbaum, 1991)。

桥梁在正常工作的情况下表面是相对平直的，车辆也可以在上面通行。只有在桥梁过载的情况下，我们才能真正了解这些建桥材料的物理特性。

通过模拟来加深理解

人工物在外观上看与自然物并无不同，但其本质存在差异。在上一节我们说到，人造物是为了满足人的需求，让其适应外部环境而做出来的。因为不同的物理系统都能够有十分相似的表现方式，这就为模拟创造了可行的条件。阻尼弹簧与阻尼电路都满足同一个二阶线性微分方程，所以我们采用其中之一作为模拟对象。

模拟技巧

数字计算机具有抽象性特点，所以数字计算机可以对很多对象进行模拟。我们试图通过在各种模拟环境中测试模拟情况以理解我们正在模拟的系统。

模拟法作为一种理解和预测系统行为的技术，其诞生当然要早于数字计算机。通过建模的方式可以很好地帮助我们理解大型系统的行为方式。其实欧姆定律也是通过这种方式得出的，欧姆对水力现象进行简单模拟从而发现了欧姆定律。

模拟实验或许也要采取"思想实验"的形式来进行，并不能进行实际操作。我印象很深的是在大萧条时期，我父亲的研究中有一个巨大的彩色图表，它代表了一个经济体系的水力模型（货币和商品由不同的液体代替）。这个图是由一个名叫达尔伯格（Dahlberg）的工程师设计的，他特别注重技术层面的研究。当时这个模型只能通过绘画的形式来完成，但是如果实验理论是正确的，我们可以用这个理论来预测某些经济措施可能带来的后果。①

我在不间断地接受经济学方面的教育时对这种天真的模拟方式有些不屑，但是我发现，在二战之后，一位名叫 A. W. 菲利普斯（A. W. Phillips）的杰出经济学家早已建立了一个模拟凯恩斯主义经济学的水力模型，叫作"Moniac"。② 菲利普斯教授的模拟实验所得出的结论比先前的结论更有说服力，并证明了他的观点是正确的。但是，尽管作为一种教学工具，"Moniac"告诉我们的东西并不是不能从凯恩斯理论的简单数学版本中轻易提取出来，越来越多的人用计算机来模拟经济情况。

---

① 此模型的一些已发布版本，参见 A. O. Dahlberg, *National Income Visualized* (N. Y.：Columbia University Press, 1956)。

② A. W. Phillips, "Mechanical Models in Economic Dynamics," *Economica*, *New Series*, 17 (1950)：283 – 305.

通过模拟来获取新知识

由此我想到了一个关键性问题：模拟实验怎么能够给我们提供一些未知的信息呢？很多人也觉得这不可能实现。关于计算机和模拟，以下两个论断比较有意思，我想在此展示给大家：

（1）用模拟的方式来获取新知识并不比通过假设来获取新知识更加占优势。

（2）只有给计算机设定好程序，计算机才会开始进行模拟。

两个论断我都不否认，两者看起来都是对的。不过，尽管有这两个论断，模拟仍能告诉我们一些不知道的东西。

模拟可以通过两种方式告诉我们新知识，其中一种不言而喻，而另外一种则有点晦涩难懂了。简单来说，即使我们的假设是正确的，模拟中所暗含的内容我们还是很难去发现。正确的推理过程需要我们大量的描述才能把它讲清楚，而这些推论只有上帝才能直接理解。我们必须煞费苦心地为我们的假设做出一系列推论，从中我们还可能会出错。

因此，我们希望模拟能够成为一种强有力的工具，根据控制气体行为机制的知识，我们可以从中得到一种天气理论和预报天气的方法。的确就像很多人知道的一样，这么多年来，一直有人在尝试这些模拟技术。在问题简化后，我们知道正确的基本假设，即局部大气方程，但是我们需要计算机从复杂的初始条件中对众多变量的相互作用进行演算，从而得出具体结论。这不过是我们把代数求解两个联立方程的思想用到现代计算机上罢了。

这种模拟方法已经应用到了很多工程设计当中。因为在许多设计问题中，内部系统是由一些基本部件组成的，这些部件的力学、电学或化学规律大家都很清楚，这是一个比较普遍的现象。预测这些部件的组合将如何运行通常是设计的难点。

对知之甚少的系统进行模拟

在我们最初对控制内部系统行为的自然法则知之甚少时，模拟能否对我们有所帮助，这一问题很有意思，但同时也不太好解答。让我来向你解释一下为什么在这种情况下模拟技术仍然会有所帮助吧！

首先，我将简单说一下以简化我们的问题：我们很少对解释或者预测所有现象的特殊性感兴趣；我们通常只会关注从复杂现实中提取出来的几条性质。美国宇航局发射的卫星肯定是人造物体，但我们通常不会认为它是月球或行星的模拟物。卫星同月球和行星一样，都遵循着物理法则，这些法则只与它的惯性质量和引力质量有关，而与其他性质无关。一颗人造卫星其实就可以当作是一个月亮。同样，我们并没有把从发电厂输送到家里的电能"模拟"成煤电厂或风电厂所生产出的电能。

其实这两者都同时满足麦克斯韦方程组。

我们找到的共性越多，也就是指从现象中提取这些抽象概念，我们在做模拟时就会越容易。此外，我们不必知道或猜测系统的所有内部结构是怎样的，而只需要了解对于抽象很关键的那部分就可以了。

幸好事实正是如此，如果事实不是如此，那么再过三个世纪用于自然科学中自上而下的研究策略便也行不通了。我们在了解分子之前，就对物质总体上的物理和化学性质有了很好的了解；我们在了解原子理论之前，就对分子化学了解了很多；我们也是先了解原子才会有基本粒子理论的——这一理论我也不确定是否已经出现。

科学建设之所以能够自上而下地进行，是因为每一层系统的行为表现只需要了解下一层系统中最基本、最抽象的一些特征就可以被人们所理解。这样也好，否则只有确定观察基本粒子的"八重法"是正确的，我们才能确保桥梁和飞机的安全性。①

———————

① 这一观点在本书第 8 章有充分阐述。50 多年前，罗素（Bertrand Russell）对于数学的构造问题提出了同样的观点。参见《数学原理》（*Principia Mathematica*）序言："支持任何关于数学原理的理论的主要方法都是归纳法，通过归纳问题能够让我们推导出通用的数学理论。在数学中，最不需要证明的东西往往不是最开始就发现的，而是在随后的过程中发现的。因此，在此之前，开始的推论并不能让我们完全相信先决条件，因为最后的结果是根据这些先决条件产生的。"当代人对演绎形式主义的偏好常常使我们对这一重要的事实视而不见，而这一事实在今天的真实性不亚于在 1910 年。

　　人工系统和自适应系统的特性让其自身很容易就可以通过简单模型来进行模拟。这些系统的主要特性在本章前几部分已经做出了阐述。如果我们对各部分的组织结构感兴趣，并且与其他部分的属性无关（除了少数属性之外），那么我们只对各系统的行为表现进行类比，而忽略其内部系统的性质是同样可行的。因此，在许多情况下，我们可能只对材料的抗拉和抗压强度等特性感兴趣。我们可能根本不关心它的化学性质，甚至不在乎它是木头还是铁做的。

　　前面所述的电动机控制器专利正是以抽象的方式表达出了组织结构特性。该发明包括"反转方式"和"电场减弱方式"这一"组合"，这些"方式"代表能够在组织结构中起到特定作用的部件。反转一个电动机，或者减弱电动机的场强，有多少种方法可以采用呢？我们可以以多种方式来模拟专利说明中所描述的系统，而无须再生产出一个实际的物理设备。如果我们再抽象一点表达，这个专利说明可以改写为设备既包括机械设备，也包括电子设备。我想任何一个加利福尼亚大学伯克利分校、卡内基·梅隆大学或麻省理工学院本科毕业的工程师都可以设计出一个机械系统，并且能够改变电动机转向和启动扭矩，用来模拟上述专利中的系统。

人工物之计算机

任何人工设计的物品对于这类功能描述来说，都没有数字计算机使用方便。数字计算机的变化实在太多，在计算机的行为表现中（当它正常运行的时候）唯一可以检测到的属性就是其组织结构属性。它执行基本操作的速度可以使我们能够对它的物理组成部分及其自然规律略加推断。例如，我们可以通过了解运算速度数据，将那些运行"慢"的部件排除在外。除了运算速度以外，当人们在谈论一台正在运行的计算机时，一般不会谈到计算机的硬件特性。计算机是由具有某些特定功能的基本部件组成的某种结构，而整个计算机系统的行为表现只与这些部件所执行的功能有关。[①]

抽象物之计算机

计算机高度抽象的特点使将数学引入理论研究当中变得容易，但导致一些人得出错误的结论，即随着计算机科学的出现，计算机科学必然会成为一门数学，而不是经验科学。我将对此

---

① 关于这一问题和以下各段，参见 M. L. Minsky, *op. cit.*；John von Neumann, "Probabilistic Logics and the Synthesis of Reliable Organisms from Unreliable Components," in C. E. Shannon and J. McCarthy (eds.), *Automata Studies* (Princeton: Princeton University Press, 1956)。

按照以下两点分别进行阐述：一是数学与计算机的关联性；二是以经验主义的方式研究计算机的可行性。

由约翰·冯·诺依曼（John von Neumann）发起的一些理论研究已经对计算机的可靠性做了研究。我们需要关注如何通过不太可靠的部件建立一个可靠的系统这样的问题。但需要注意的是，这并不是一个关于物理学或物理工程类的问题。即使安装部件的工程师已经尽了自己最大的努力，但这些部件仍然不太可靠！我们只有安排好这些部件，才能解决不可靠的问题。

为了让这个问题更有意义和价值，我们必须对这些不可靠部件的性质多说一点。任何计算机都可以由一组简单、基本的部件组装起来，了解这一点对我们很有帮助。例如，我们可以把所谓的皮茨-麦卡洛克神经元作为我们的基元。从它们的名字就可以知道，这些组成部分就好比我们大脑中的神经元，但基元是一个高度抽象的概念。它们形式上与最简单的开关电路即"和""或者""不是"电路相似。假设我们现在要用这些基本部件来建立一个系统，并且每个基本部件正常运作的概率相同。我们的主要问题是将这些基本部件组装起来，而且整个系统还能稳定运行。

这些基本部件既可以是神经元，也可以是继电器，抑或是晶体管，这是我们讨论的重点。大家对于支配继电器的自然法则都很熟悉，但对于人们支配神经元的自然法则并不太熟悉。

但这并不重要，该理论关心的是，每种部件在某种程度上都是不可靠的，但都以某种特定方式产生关联。

举这个例子是想表明，在我们还不了解支配系统部件的自然法则的微观理论的情况下，我们同样可以对系统或者模拟系统建立数学理论。这样的微观理论也许并不那么重要。

经验物之计算机

接下来，我想阐述计算机的经验科学同样是行之有效的，与计算机元件的固态物理学和生理学不尽相同。[①] 通过经验常识我们知道，几乎所有设计出来的计算机都具有某些共同的组织特征。计算机都可以被理解成由一个活跃的处理器（如巴贝奇的"Mill"）和一个存储器（如巴贝奇的"Store"）组成的机器，并配有输入和输出设备。（有些较大的系统，就像藻类群居一样，将那些较小的系统中的一些或者全部集中起来。但是，我也许把问题看得过于简单了。）这些系统都能够储存符号（程序），而由程序控制的部件又能将这些符号进行解码并执行相应的任务。但几乎所有系统都不具备同时处理多项任务的能力，它们通常能同时处理一件事。一般情况下，符号必须先从较大

---

① A. Newell and H. A. Simon, "Computer Science as Empirical Inquiry," *Communications of the ACM*, 19 (March 1976)：113 - 126. H. A. Simon, "Artificial Intelligence：An Empirical Science," *Artificial Intelligence*, 77 (1995)：95 - 127.

的内存部件转移到中央处理器，然后才能被执行操作。这些系统只能进行简单的基本操作，如对符号进行编码、存储、复制、移动、擦除和比较等。

既然现在世界上已经有许多这样的装置了，而且这些系统的特性又与人类的中枢神经系统十分相似，我们完全可以对其进行自然研究。我们可以像研究兔子或花栗鼠一样研究计算机，发现它们在不同环境刺激模式下的行为表现。只要这些计算机的表现与我们所描述的功能性特征基本吻合，并且与具体硬件无关，我们就可以建立一个关于计算机的一般性经验理论。

为设计计算机分时系统而做的研究能很好地体现把计算行为作为经验现象的研究特点。当时用来指导分时系统设计，或者用来预测某一系统在用户提出指令时所做出的反应的理论还并不完整。大多数的设计最开始都有很严重的缺陷，而且大多数对行为表现的预测都不太准确。

在这种情况下，不断研发改进分时系统的主要途径就是直接建立系统并对其表现进行观察。当时确实是这么做的。系统在建成之后，再不断改进。如果我们有理论支持，对实验即将发生的事情我们可以提前知道，所以有些不必要的步骤我们就可以提前避免。但事实并非如此，我们并不知道谁对这些极其复杂的系统十分了解，并明白其运作原理。为了理解这些系统，我们必须先构建出系统，再来观察这些系统的行为表现。①

同样，用于玩游戏或发现数学定理的计算机程序一生都将在这极其庞大和复杂的任务环境中度过。即使程序本身并不算是很大型或者很复杂（相对大型计算机的操作系统和监视器而言），我们对其作业环境知之甚少，我们对其表现情况以及其问题解决方案的搜索能力都无法做出准确预判。

在此，理论分析同样必须进行大量的实验工作。越来越多的文献记录了这些实验，在这些方面也给我们提供了更多准确的知识。例如，在定理证明方面，基于经验探索并以经验探索为指导的启发式能力已经取得了一系列进展，如对埃尔布朗定理、归结原理、支撑集原理等的应用。②

计算机与思想

在我们成功地拓宽和深化了对电脑的理论和经验知识后，

---

① 莫里斯·V. 威尔克斯（Maurice V. Wilkes ）在 1967 年的图灵演讲《计算机的过去和现在》［ "Computers Then and Now," *Journal of the Association for Computing Machinery*, 15 (January 1968)：1 - 7］中描述了计算机研究的经验主义和探索性。

② 例如，请注意以下文献中的数据以及其引用的几篇早期论文：Lawrence Wos，George A. Robinson，Daniel F. Carson，and Leon Shalla，"The Concept of Demodulation in Theorem Proving," *Journal of the Association for Computing Machinery*，14 (October 1967)：698 - 709。参见 Edward Feigenbaum and Julian Feldman (eds.)，*Computers and Thought* (New York：McGraw-Hill，1963)。在这一领域，将有关启发式程序的论文命名为"XYZ 程序的实验"是很常见的做法。

我们会发现在很大程度上它们的行为是由简单的一般性法则所支配的，计算机程序所表现出来的复杂性，其实是因为其作业环境的复杂，是计算机为适应环境而做出的反应。

计算机程序与环境的关系为计算机模拟提供了一个极其重要的途径，使其成为深入理解人类行为的工具。因为如果很大程度上决定行为的是组成部分的各组件而非其物理属性，而且如果计算机在某种程度上是按照人的形象来组成的，那么计算机就会很容易成为一种可以用来探索对人类行为进行组织假设所带来的后果的设备。心理学完全可以在神经学解决许多原件设计问题之前就不断发展，而无关这些基本元件有何特点，无论它们多么重要或者有趣。

符号系统：理性的人工物

计算机是人工物大家族中重要的一员，我们称之为符号系统，更准确地说是物理符号系统。[①] 另外一个重要成员（有些人认为，从人的角度来看，它是最重要的）是人类的思想和大脑。在这本书中，我们主要关注的是人工物大家族，特别是人

---

① 在文献中，"短语信息处理系统"比"符号系统"使用频率更高。我将会把这两个系统看作是一个意思。

类版本的人工物。符号系统是人工物的典型代表，因为其全部意义就在于适应工作环境。它们是寻找目标型的信息处理系统，通常被包含于更大的系统之中，并为其服务。

符号系统的基本能力

物理符号系统包含一组实体，这些实体我们称之为符号。这些实体是能够作为符号结构（有时称为"表达式"）的组成部分出现的物理模式（如黑板上的粉笔记号）。我在计算机例子中已经指出，一个符号系统也具备一些对符号结构发生作用的简单程序，这些程序可以创造、修改、复制和消除符号。物理符号系统是一种机器，它一边运转，一边不断产生新的符号集合。[1] 符号结构通常可以展现出内部环境为适应外部环境而做出的反应（例如，"心智图像"）。这些符号或多或少都可以让我们真实地模拟出人工物的内部环境，在细节上我们并没有很高的要求，从而对其工作原理进行推论。当然，要使这种能力对符号系统有用处，系统就必须具有向外界打开的窗口。系统必须有从外部环境获取信息的手段，并将外部信息编码成内部符号，也必须有产生符号的手段，从而对外部环境做出反应。于是，系统必须使用符号来标明系统之外的物体、关系和行为。

---

[1]　Newell and Simon, "Computer Science as Empirical Inquiry," p. 116.

符号也可以标明符号系统能够解释和执行的程序。因此，控制符号系统行为的程序可以与其他符号结构一起存储在系统自己的内存中，并在激活时执行。

符号系统被称作"物理的"，以提醒读者它们作为现实世界的设备存在，可以是由玻璃和金属制成的电脑，也可以是由血肉组成的大脑。在过去，我们往往会认为数学和逻辑的符号系统是抽象的和空洞的，而忽略了把它们赋予生命所需要的纸、笔和人类的思维。计算机已经把不太现实的符号变为了能够受机器和大脑操作的实际过程，有时两者一起工作，有时两者分别工作。

计算智能

接下来的三章内容都是在智慧是符号系统的产物这一假设上完成的。更正式地来讲，这一假设是指我们所讲的物理符号系统具有表现出广义智力行为的充分必要手段。

这个假设显然是经验性假设，需要根据实验证据来判断真伪。第 3 章与第 4 章的一项任务便是评价这些证据，这些证据基本可分为两大类。一方面，我们构造一些确实能表现出智力行为的计算机程序，为假设提供充分的证据。另一方面，我们收集了一些关于人类思维过程的经验资料，这些资料表明人类大脑的运作就如同一个符号系统。这样我们的假设也站得住脚，因为这些资料都表明，所有已知的智能系统（如大脑和计算机）

都是符号系统。

经济学：抽象理性

第 2 章介绍的内容是在对人类理性高度抽象化、理想化的基础上完成的（如现代经济学理论，尤其是新古典经济理论），随后我们将人类智力作为物理符号系统的产物加以考察。之所以说这些是理想化的理论，是因为这些理论注重的是除人类思维以外的外部环境，注重那些能够实现适应性系统目标的最优决策的情况（效用和利益最大化）。这些理论主要是想确定在某些特定的外部环境中什么样的决策是最合理的。

经济理论对由物理符号系统的特征所强加的内部环境的理性限制的处理倾向于实用主义，有时甚至是机会主义。在对一般均衡进行比较正式的分析时，以及在研究适应性的所谓"理性预期"（rational expectations）方法中，人们都没有意识到信息处理系统适应能力的有限性。此外，在讨论市场机制的基本原理时或者是在许多决策理论中，人们更多地采用的是理性的分析方法。

在第 2 章我们讲了两个例子，一个例子忽略理性限度，一个例子注重理性限度。对经济学进行理想化讨论之后（并对其进行批判之后），在第 3 章和第 4 章中，我们将对思想的内部环境进行系统研究，而这些思想的处理过程的确受到了像大脑这样的物理符号系统的限制。

2

经济理性：适应性技巧

因为稀缺性是生活的核心事实——土地、金钱、燃料、时间、注意力和许多其他东西都是稀缺的，所以合理分配稀缺的东西是一项理性的任务。完成这一任务是经济学关注的焦点。

经济学以最纯粹的形式展示了人类行为、个体行为者、企业、市场和整个经济中的人为成分。外部环境是由个人、公司、市场或经济体的行为来决定。内部环境是由个人、公司、市场或经济体的理性、适应性行为的目标和能力来决定。经济学很好地说明了外部环境和内部环境是如何相互作用的，尤其说明了智能系统对外部环境的适应（实质理性）如何受其本身能力所限，如何通过知识和计算发现合适的适应性行为（程序理性）。

经济活动者

在商业公司的教科书理论中，一个"企业家"的目标是实现利润最大化，在这种简单的情况下，求出最大值的计算能力是没有问题的。成本曲线反映货币支出与产品制造数量的关系，收入曲线反映收入与产品销售数量的关系。最大化收入和支出之差的目标就决定了公司的内部环境。成本和收入曲线即代表外部环境。① 初等微积分说明了如何通过求导（利润随产量变化的比率）并将其设为零来计算利润最大化的产量。

这些都是人工系统适应外界环境所需要的要素，都由内部环境的目标所支配。适应过程本身就存在问题，而此处情况不同，我们在不知道如何算出最优产量的情况下仍然可以预测系统的行为。我们只需考虑实质理性。②

我们可以对公司的这一基本理论进行实证解释（比如描述公司的行为会是怎样）或规范解释（如指导公司如何实现利润最大化）。在商学院和大学里，这两种解释被广泛教授着，就像该理论描述着现实世界中发生的或可能发生的情形一样。这样的想法根本上就是太过简单、脱离现实。

程序理性

在更现实的情况下，当我们询问公司到底如何得出利润最大化的产量时，收入与成本之差最大化这一问题就变得有趣起来。成本核算可以估计生产某一特定产品的大致成本，但是在特定价格下能卖出多少，以及这个数量如何随价格变化（需求弹性），只能进行粗略猜测。当存在不确定性（其实总是存在）

---

① 此处内外环境的划分界限并不是公司的边界，而是企业家的皮肤，工厂是外部技术的组成部分，而大脑，也许在计算机的辅助下，则是内部的。

② H. A. Simon, "Rationality as Process and as Product of Thought," *American Economic Review*, 68 (1978): 1-16.

时，利润前景就必须根据风险来调整，从而将利润最大化的目标改变为利润对风险"效用函数"最大化这一模糊目标，因为"效用函数"是企业家们内心深处的权衡。

但在现实生活中，公司还必须选择产品质量和产品种类，并对这些产品进行发明和设计。它必须安排工厂生产出这些产品的盈利组合，并设计出销售这些产品的营销程序和结构。因此，我们从教科书中所描绘的简单的公司形象逐步延伸到现实商业世界中更为复杂的公司。通过不断接近现实情况，问题逐渐从选择正确的行动路线（实质理性）转变为寻找一种合理的计算方法，以计算出最好的行动路线（程序理性）。随着变化不断发生，信息和计算也变得越来越模糊复杂。公司理论因此变成了一种不确定情况下的估算理论和一种非常规计算理论。

运筹学和管理学

今天，应用科学的几个分支学科帮助公司实现了程序理性。[①] 其中一个分支是运筹学（OR）；另一个是人工智能（AI）。运筹学为处理困难的多元决策问题提供算法。线性规划、整数规划、排队论和线性决策规则都是运筹学应用的体现。

---

① 有关这些发展的简要调查，请参阅 H. A. Simon, "On How to Decide What to Do," *The Bell Journal of Economics*, 9 (1978): 494 – 507。要估计它们对管理的影响，请参阅 H. A. Simon, *The New Science of Management Decision*, rev. ed. (Englewood Cliffs, NJ: Prentice-Hall, 1977), chapters 2 and 4。

当存在数百或数千个变量时，为了让计算机在合理分配努力的情况下找到最优解决方案，与运筹学相关的强大的算法为决策问题提供了强有力的数学结构。它们的能力是以重塑和压缩现实世界的问题来满足它们的计算需求为代价换来的：例如，用线性逼近代替现实世界的标准函数和约束，从而使得可以使用线性规划。当然，对于简化近似来说最优决策在现实中很难达到，但是经验表明，这一决策通常是可行的。

通过 AI 所提供的另外一些方法，往往为启发式搜索（根据拇指规则进行的选择性搜索），可以找到令人满意的决策。AI 模型，像 OR 模型一样，也只是无限接近现实情况，但是在真实度和细节方面，往往比 OR 模型好得多。AI 模型能做到这一点是因为启发式搜索可以处理更复杂、结构化程度不高的问题，而 OR 模型的最大化工具不能处理这么复杂、结构化不太好的问题。AI 方法一般来说只能找到令人满意的解决方案，而不是最优的解决方案，这也是采用比较逼近现实但规则性较差的模型我们所要付出的代价。接近真实情况的 AI 模型可以给出一个较为满意的结果，而大量简化后的 OR 模型可以给出最优结果，我们必须在两者之间做出权衡。我们有时选择这一种，有时选择另外一种。

AI 方法可以处理组合问题（例如工厂调度问题），即使使用最大的计算机，这些问题也超出了 OR 方法的能力范围。如果我们没有计算机的帮助，只有自己的大脑，启发式方法是一种强有力的问题解决和决策工具，因此我们必须大胆地简化问题，以找到甚至近似的解决方案。与多数 OR 方法不同，AI 方法并不局限于能定量表示的情况。AI 方法可沿用于能用符号（即语言符号、数学符号和图形符号）表示的所有情形。

OR 和 AI 方法迄今主要用于中层管理的经营决策。范围广泛的各种高层管理决策（如关于投资、研究与开发、专业化和多元化的战略决策，管理人才的招聘、培养与留用）仍旧主要靠传统方法来应付，也就是说，通过经验丰富的经理来进行决策。就像我们即将在第 3 章和第 4 章所讨论的，所谓"判断"，其实主要是一种非数值型的启发式搜索，汲取储存在专家大脑中的信息。如今，我们已经在很多需要人类专长的领域（比如医学诊断和信用评估）以专家系统的形式应用 AI 技术。另外，经典的 OR 工具只能在事先确定的选择方案中进行选择，而 AI 专家系统如今已经可以用来自主产生选择方案，即可用于解决设计型问题。第 5 章和第 6 章将讲述更多关于这些方面的内容。

满意水平和期望水平

无论一个人多么想做一件事，但是若没能力，同样做不成。对于最优答案无从知晓的复杂性问题，商业公司更倾向于借助那些能提供不错解决方案的程序。现实中出现最理想的情况是不可能的，所以说现实中的经济活动者是容易满足的人，只要方案还不错就行。但其实并不是他们觉得这些方案够好，只是没有其他选择而已。

许多经济学家，其中声音最强烈的是米尔顿·弗里德曼（Milton Friedman），认为令人满意的结果和最优结果这两者的差距并不重要，所以即使现实中的经济活动者理想化地考虑问题也无关紧要；但是另外一部分人，当然也包括我自己，认为这一问题是非常重要的。[①] 如果着重论述这一问题就偏离了我的本意，我的本意是想向读者展示，人工系统的行为受其适应能力，即其知识和计算能力的影响。

所有理想解决方案都必须可以通过同一个效用函数来进行量化，而刚好满足要求的解决方案便不是这样。大量的证据表明，人类的选择并不总是一致的。[②] 但即使是仅仅满足要求的情况，我们同样也需要一定的满足标准。衡量人类利益、愉悦感、幸福感以及满意度的现实方法能否替代被怀疑的效用函数呢？

选择心理学的研究结果表明了测量满意度所需具备的性质。

① 我已经在许多论文中论述过这个问题。最近的两个例子是 "Rationality in Psychology and Economics," *The Journal of Business*, 59 (1986)：S209 - S224 (No. 4, Pt. 2) 和 "The State of Economic Science," in W. Sichel (ed.), *The State of Economic Science* (Kalamazoo, MI: W. E. Upjohn Institute for Employment Research, 1989)。

② 例如参见 D. Kahneman and A. Tversky, "On the Psychology of Prediction," *Psychological Review*, 80 (1973)：237 - 251 和 H. Kunreuther et al., *Disaster Insurance Protection* (New York: Wiley, 1978)。

首先，与效用函数不同的是，测量满意度的数值不仅可以为负值，也可以为零。在零以上表示满意，在零以下表示不满意。其次，如果对生活在相对稳定环境下的人进行周期性的测量，数值远远偏离零的情况比较少，而不同的测量值往往会随着时间的推移最终回到零。大多数人的满意度总是略低于零（轻度不满意）或略高于零（中度满意）。

为了处理这些现象，心理学使用了"期望水平"这一概念。期望有许多方面：比如期望令人愉快的工作、爱情、食物、旅行以及其他很多事情。就每一维度而言，对事物的期待程度就代表着期望水平，期望水平是与现在的实现水平相对而言的。如果实现水平超过了期望水平，则满意度为正；反之，则满意度为负。各维度之间并不能相互进行比较。一般说来，在某一维度上获得的满足可以弥补在另一维度上的缺失，因此，系统的净满意度与历史情况有关，而且这些补偿对于人们来说很难达到平衡。

期望水平为计算满意度提供了一种计算机制。如果某一方法在每一维度计算的期望水平都达标，那么我们就认为这一方法是不错的。如果没找到这种方法，我们就去寻找其他替代方法。同时，在找到令人满意的方法之前，在一个或多个维度上的期望水平会逐渐下降。采用这些机制的选择理论承认了人类计算的局限性，并且比效用最大化理论更符合我们对人类决策的经验观察。[1]

市场与组织

经济学一向不太关注个体消费者或者是商业公司，而是关注更大型的人工系统：经济体和它的主要组成部分——市场。市场的目标是协调众多的经济活动者的决策与行为，例如保证运往市场的甘蓝的量与顾客将购买的量之间保持某种合理关系，保证生产甘蓝的成本与售价都能保持在合理的范围内。只要某社会经济形式不属于自给经济（subsistence economy），有高度专业化的分工，就需要某些机制发挥协调作用使其能够正常运行。

然而，市场不过是社会所依赖的许多协调机制中的一种。在某些情况下，通过统计数据来进行集中规划可以为协调这些行为模式提供基本条件。比如说，我们需要对驾驶行为进行估计，从而反映道路使用情况，最终才能进行道路规划。在另一些情况下，人们也许采用谈判和协商的方式来协调个体行为。

---

[1] H. A. Simon, "A Behavioral Model of Rational Choice," *Quarterly Journal of Economics*, 6 (1955): 99 - 118; I. N. Gallhofer and W. E. Saris, *Foreign Policy Decision-Making: A Qualitative and Quantitative Analysis of Political Argumentation* (New York: Praeger, in press).

比如，雇主与工会为了在薪酬问题上达成一致，就需要进行谈判和协商。至于其他的协调功能，社会采用了层级组织，如商业、政府机构和教育机构，正式的权力由上往下逐渐释放，交流网络贯穿于整个结构。最后，对于重要决策和公共岗位的人员选择，社会采用了各种各样的投票程序。

虽然在任何社会中都能找到这些协调方法，但是这些方法的组合和应用因国家和文化的不同而有很大差异。[①] 我们通常把资本主义社会描述为主要依靠市场进行协调，而把社会主义社会描述为主要依靠层级组织和计划，但这是一种严重的过度简化，因为它忽略了投票在这两种民主社会中的作用，忽视了大型组织在现代"市场"社会中的重要性。

资本主义社会的经济单位主要是公司，而公司本身就是一种层级组织（有些规模很大），在公司内部运营中基本也没用到市场机制。在美国经济（通常视作"市场"经济的缩影）中，大约80％的人类经济活动发生于企业和其他组织的内部环境中，而并非发生于外部的、组织间的市场环境中。[②] 为了避免误解，我们将这种社会称为组织与市场经济，可以认为组织与市场的地位同等重要。

---

① R. A. Dahl and C. E. Lindblom, *Politics, Economics, and Welfare* (New York: Harper and Brothers, 1953).

② H. A. Simon, "Organizations and Markets," *Journal of Economic Perspectives*, 5 (1991): 25 - 44.

"看不见的手"

在研究社会协调的过程中，经济学给予了市场机制最重要的地位，有时甚至是唯一的地位。在许多情况下，这的确是一种了不起的机制，它可以造成大量人的生产、消费、购买和销售行为，每个人都只对个人的自私利益做出反应、分配资源，以至于市场实际上几乎平衡了甘蓝和经济中生产和使用的所有其他商品的生产和消费。

要达到这种平衡并不难，只需要满足相对较弱的条件。要实现这一目标，可以在供应过剩时降低价格，以及在价格下降或库存增加时减少产量。我们可以形成很多有这种性质的动态系统，这些系统同样也会寻求这种平衡，并在不同的情况下，在这个平衡水平附近不断振荡。

最近有许多关于市场行为的实验，有时以人为实验对象，有时以计算机程序为模拟对象。[①] 实验市场中的模拟交易人员被设定为是"愚蠢"的买家和卖家，买家只知道在商品价格高于某价格时不应购买的这个最高价格，而卖家只知道在商品价格低于某价格时不应出售的这个最低价格。实验市场趋于平衡的速度几乎就同古典意义上的理性活动者所构成的市场趋于平

---

① V. L. Smith, *Papers in Experimental Economics* (New York: Cambridge University Press, 1991).

衡的速度一样快。[①]

市场与最优化。这些发现颠覆了当代新古典经济学就价格机制所做的断言。价格机制的功用不仅仅是出清市场，这一断言若要成立，就必须有充分的假设，即完全竞争和经济行为者的利润或效用最大化。有了这些假设（而不是没有它们），市场均衡在某种意义上可以被证明是最优的，因为它不能被改变以使所有人的境况同时变得更好。这些都是我们熟悉的竞争均衡的帕累托最优命题，阿罗、德布鲁、赫维茨和其他人把它们巧妙地正式化了。[②]

就现实世界的市场而言，最优化定理扩大了可信度，因为它们需要我们在检验企业理论时发现不可信的那种实质理性。市场由消费者和生产者组成，而他们并不会追求最优化，只追求令人满意，所以这一定理所需的条件无法被满足。但是，关于模拟市场的实验数据表明，市场出清是唯一有可靠经验证据的市场性质，可以在没有最优化假设的情况下实现，因此也不必声称市场确实产生了帕累托最优。正如塞缪尔·约翰逊（Samuel Johnson）对一只会跳舞的狗所做出的评价："令人惊奇的不是它跳得很好，而是它居然会跳。"奇迹并非

---

① D. J. Gode and S. Sunder, "Allocative Efficiency of Markets with Zero Intelligence Traders," *Journal of Political Economy*，101 (1993)：119 - 127.

② Gerard Debreu, *Theory of Value：An Axiomatic Analysis of Economic Equilibrium* (New York：Wiley, 1959).

在于市场能实现最优化（也并不能实现），而在于市场经常出清。

没有规划者的秩序。 人们一直认为，像人体这样的自然系统或生态系统都能够实现自我调节，这其实是当前讨论复杂性时的一个热门话题，我们将在后面章节中讨论。我们会用反馈回路来解释自我调节机制，而不是用中央计划与引导机制来解释。不过没有中心方向的自我调节的未经训练的直觉并没有被应用到人类社会的人工系统中。多年前我曾给建筑学专业的学生教过城市土地经济学这门课，当我指出中世纪的城市是模式奇特的系统，它们大多是在对无数个人决策的响应下"成长"起来的时候，他们很惊讶并且不太能接受这种观点，这一情景我至今记忆犹新。在我的这些学生们看来，模式背后就意味着有一个规划者。模式总是先在此人的头脑里构思出来，又经他之手而得以实现。城市竟能像雪花一样"自然而然"地形成某种模式，学生们对这一观念比较陌生。他们对这一观念的反应正像一些人对达尔文进化论的反应一样：不存在没有设计者的设计！

在第一次世界大战后，当东欧建设新的社会主义经济时，一些人的反应与此类似。人们花了约30年的时间才认识到，市场与价格在社会主义经济中可以起建设性的作用，这两个因素在资源分配方面甚至比中央计划更具优势。在第二次世界大战后，率先将这一"异端邪说"引入波兰的是我从前的老师奥斯卡·兰格（Oscar Lange），他不惜以牺牲事业与生命为代价来弘扬这一观点。

随着 1990 年前后东欧经济体的崩溃，在一些有影响力的头脑中，对中央计划经济的简单信念被对市场同样简单的信念所取代。这一崩溃告诉我们，没有市场的平稳运行，现代经济就无法正常运转。这些经济体自崩溃以来的糟糕表现告诉我们，如果没有有效的组织，它们也无法很好地运转。

如果我们只注重市场的均衡功能，而抛开帕累托最优的幻想，则可以说，市场过程之所以受欢迎，主要是因为它们避免了给中央计划机构带来计算负担，因为即便中央计划机构有计算机支持，这也是它们承担不起的。市场似乎通过将决策分配给经济活动者来保存信息和计算，这些经济活动者可以根据当地可获得的信息做出决策，也就是说，除了他们购买的商品的价格和属性以及生产的商品的成本之外，他们对经济的其他方面一无所知。

哈耶克（Friedrich von Hayek）对市场机制的概括十分准确，在第二次世界大战后的几十年中，他是市场机制的主要解释者和辩护人。他的辩护理由主要不是说通过市场机制可以实现最优状态，而是说人的内部环境受到了限制，即人的计算能力有限。[①] 但实际上，我们对经济学知识以及市场运行机制并不需要了解多少就可以做出正确的行动。前述关于模拟市场的实验验证了哈耶克的看法。至少在某些情况下，交易者只需要掌握少部分信息以及极其简单的决策规则，就可以平衡供需关系并出清市场。

现在我们需要重视组织问题，在组织与市场经济中尤为如此，并思考为什么经济活动并不由市场力量控制。在讨论这一论题之前，我们需要考虑一下不确定性和预期。

不确定性和预期

许多行动所产生的影响一直会持续到将来，所以为了做出客观理性的选择，我们务必做出正确的预判。我们需要了解自然环境的改变情况，比如，天气的变化会影响来年的丰收情况。除了经济情况的变化，我们还需要了解社会和政治变化，例如波斯尼亚或斯里兰卡内战。我们需要了解经济活动者，如顾客、竞争者及供应商的未来行为，这些行为同样也会受到我们自己行为的影响。

对于简单的情形，源于外部事件的不确定性可通过估计这些事件的发生概率来进行处理（保险公司就是这么做的）。还有

① F. von Hayek, "The Use of Knowledge in Society," *American Economic Review*, 35 (September 1945): 519-30, at p. 520.

一种方式，可以通过反馈来对突发事件以及预判错误的事件进行调整改正。即使对事件的预测不能做到完全准确，但自适应系统在面对严重问题时仍能保持稳定，其反馈控制系统在收到反馈后仍能让自适应系统回到正确的轨道。在我们未能预报出有暴风雪的情况下，扫雪机仍能清扫街道。虽然并不是因为存在着不确定性就使人们无法进行明智的选择，但是不确定性的存在促使人们不得不采用稳健的适应程序，而不是只能采用在已知条件下能使用的最优化策略。[①]

预期。 如果使用基于对未来预测的正向反馈，并结合反馈来纠正错误，系统的操控也会变得更加准确。然而，在通过预判的方式来解决不确定性问题的过程中我们同样也会遇到新的问题。正向反馈所造成的影响可能会对我们不利和造成不稳定，因为系统可能对预判反应过度，会开始产生持续震荡。在市场中的经济活动者相互预测其行为时，市场中的正向反馈就会变得不稳定。

投机泡沫是破坏预期稳定的典型经济实例。在全球市场中，泡沫破裂的情形屡见不鲜（郁金香热只是许多著名的历史事例

---

① 肯尼思·阿罗（Kenneth Arrow）在《新帕尔格雷夫经济学大辞典》（伦敦：麦克米伦出版社，1987）第 2 卷第 69～74 页刊登了一篇著名的论文，题为《经济理论和理性假设》（Economic Theory and the Hypothesis of Rationality），文中指出，为了在未来存在不确定性的情况下保持市场的帕累托最优，我们必须把信息和计算要求强加给经济活动者，这是非常繁重和不切实际的。

之一）。而现在人们可以在实验市场中观察泡沫及其破裂情况。即使受试者知道市场在未来不久还会跌落到某一水平，却还是会过高出价。

当然，并不是所有的投机行为都会引起泡沫。在许多情况下，市场投机使系统稳定，使它的波动幅度变小。因为投机者总是企图发现某些具体价格何时高于或低于"正常"或均衡水平，以便在前一情况下卖出、在后一情况下买进。这些行为促使价格不断接近均衡。

然而，有时当价格上涨时，人们就会觉得价格还会继续上涨，因此人们此时并不是在卖出，而是在不断买进。所有人都认为自己可以在危机发生之前提前撤离。经济学中存在一个普遍共识：不稳定的预期在恶性通货膨胀与经济周期中起着重要作用。至于谁的预期是反应链的第一推动者，以及应如何应对，人们很少达成共识。

如果不是完全竞争市场，相互预期就会带来一些困难。在完全竞争市场，每个公司都假定市场价格不受自己行为的影响：价格是外部环境的一部分，同样遵循物理世界的法则。但在不完全竞争市场，公司不必对价格做这样的假定。比如，若一个行业只有几个公司，那么每个公司都可以猜测对方公司的想法。但是，只要参加这种游戏的不止一方，那么就连理性的定义也会受到质疑。

博弈论。 150 年前，库尔诺（Augustin Cournot）着手构造了一个理论，内容是在两个公司组成的市场中进行合理选择的问题。[①] 为构造此理论，库尔诺提出了"智慧有限"的假设。他假设每个公司都预期了竞争者对自己的行动的反应，但每一方在分析时都只考虑了一步。如果其中一个公司甚至两个公司都考虑对方公司的反应，情形又当如何？这样思考的话，这个问题将无限循环，始终得不到一个答案。

一个世纪后的 1944 年，冯·诺依曼和摩根斯坦（Morgenstern）发表了《博弈论和经济行为》（The Theory of Games and Economic Behavior），向更清晰地解决此问题迈出了重要一步。[②] 但博弈论还远不能解决问题，只是表明，在利益对立、涉及多人的情况下，要做出合理的行动十分困难。

这种定义理性行为的困难程度在"囚徒困境"这个博弈中体现得淋漓尽致。[③] 在博弈中，玩家每在进行下一步行动时都有两种选择：一种是合作，一种是进攻。如果双方都选择合作，双方都会获得小小的奖励。如果一方选择合作，而另一方选择进攻，则进攻者的奖励大大增加，而选择合作的玩家将受到严

① *Researches into the Mathematical Principles of the Theory of Wealth* （New York：Augustus M. Kelley，1960），first published in 1838.

② Princeton：Princeton University Press，1944.

③ R. D. Luce and H. Raiffa，*Games and Decisions*（New York：Wiley，1957），pp. 94 - 102；R. M. Axelrod，*The Evolution of Cooperation*（New York：Basic Books，1984）.

重惩罚。如果双方都选择进攻，则双方都受罚，但受罚程度不如刚才那么严重。寻找一种理性策略并不那么容易。只有在玩家都不攻击时，玩家才能从合作中获利，但是如果玩家确定对方会合作，那么他选择进攻，获利会更多。背叛是有好处的，除非你遭遇背叛。互惠策略是不稳定的。

如果多玩几次游戏，情况会有好转吗？甚至在这种情况下，择时选择进攻也是有好处的。然而在实际情况中，合作行为出现的频率很高，而"以牙还牙"策略（别的玩家开始进攻时，才会选择进攻，否则一直保持合作，一旦玩家又开始合作，则同样与他进行合作）几乎总是会比其他策略获得的回报更高。拉德纳（Roy Radner）证明（私人信件），如果玩家只是想获得较满意的结果，并不去追求最优结果，采取合作的方法是比较可靠的。在这种竞争情形里，像这种有条件的理性行为产生的结果往往会更好。

"囚徒困境"中的情况和现实世界的政治商业模式非常相似，像这种展现理性悖论的博弈还有很多，"囚徒困境"只是其中之一。其中各方的目标都会不同，甚至相悖。古典经济学为了避开这些悖论，就只专注于分析垄断与完全竞争这两种情形，而在这两种情形中，相互预期将不起作用。

人对复杂的相互作用的可能场景进行计算的能力是十分有限的，从而避免了相互预期会无限进行。似乎正是出于这个原

因，市场制度才能在垄断与完全竞争的范围之外仍得以应用
（虽然并不会产生最优结果）。博弈论表明，当竞争的参与者拥
有无限的计算能力来超越彼此时，我们实际上无法对理性进行
定义，但在现实世界中，人的理性是有限的，所以在现实世界
中并不会出现这种情况，这是博弈论做出的最有价值的贡献。

理性预期。 最近，经济学中流行这样一种观点：如果我们
假设经济活动者能够理性预期，相互猜测这一问题就可以得到
解决。① 也就是说，经济活动者掌握了控制经济系统的法则，
并将准确预测未来所发生的事。这些假设排除了投机造成不稳
定性的大多数可能性。

虽然理性预期背后的假设是经验假设，但几乎没有经验证
据能够支持这些假设，所以我们也不清楚如何能够做出理性预
期。商业公司、投资者或消费者所拥有的知识或计算能力，还
不及实施理性预期策略所需的知识或计算能力的一个零头。要
想实施这一策略，他们就需要共享经济模型，并有能力计算如
何能实现经济平衡。

如今，大多数理性预期都回归到"适应性预期"的现实情
况中，其中经济活动者根据所发生的事情不断增强对周围环境

---

① "理性预期"这一想法和术语源自 J. F. Muth, "Rational Expectations and
the Theory of Price Movements," *Econometrica*, 29 (1961): 315 - 335。小卢卡斯
(R. E. Lucas, Jr.)、普雷斯科特 (E. C. Prescott) 和萨金特 (T. J. Sargent) 等人采
用了这一概念并对其加以发展，将其系统应用于宏观经济学。

的了解。① 但是，大多数做出适应性预期的方法都放弃了猜透市场的想法，而是假设环境是缓慢变化的，其发展路径不会受到任何一方决策的影响而产生明显变化。

总之，目前我们对实际经济系统动态过程并不完全了解。有一定理性的经济活动者如何对未来做出预期，又如何根据预期来做出自己的行动计划，我们对这些经验信息都缺乏了解。经济学最好回到卡托纳（George Katona）为研究预期形成而提出（并实践）的实证方法，而在很大程度上，目前人们对实验经济学的研究也表明了这一点。② 现在我们的经验知识比较欠缺，在经济学目前提出的用以解释经济周期的竞争模型中选择合适的模型还比较困难，因此，从这些模型中选择竞争政策建议，也缺乏理性基础。

企业组织

我们现在开始讨论发生于组织内部环境中的大量经济活动。这里的一个关键问题，也是人们在"新制度经济学"（new institutional economics，NIE）中讨论甚多的问题，即组织和市

---

① 萨金特甚至为他的适应性预期观念借用了"有界理性"的说法，但令人遗憾的是，他没有借用直接观察和实验的经验方法，而经验方法在验证他所做的特定行为假设上是不可缺少的。

② G. Katona，*Psychological Analysis of Economic Behavior*（New York：McGraw-Hill，1951）.

场的边界在哪里?① 何时采用组织方式，何时采用市场机制来
安排经济活动更为合适？

组织-市场边界。首先，我们应该意识到，这种边界往往是
变化的。例如，汽车零售通常由代理商来做，代理商是与汽车
制造商产权分开的组织。其他许多商品则是由制造商直接销售
给消费者，在某些行业（如快餐行业），其直销店和连锁店已经
开在了一起。连锁店就是典型的"杂交品种"，是制造商原材料
的唯一供货商。

组织边界是不断变化、不确定的，这也就证明了市场和组
织所带给我们的好处也能达到某种平衡。但是值得注意的是，
在组织（许多组织甚为庞大）中发生着大量的活动，这就表明
在很多情况下，组织提供的优势比市场更大。

有时组织是优于市场的，一方面，新制度经济学对此的解
释是，某些类型的市场可以通过雇佣关系代替销售合同的方式
来减少市场合同所产生的费用。另一方面，既然新制度经济学
理论认为，所有经济活动者都是为了自己的利益，那么，组织
为了激励员工服从组织目标而不是追逐私利，并对其进行监督，
这个过程又会产生新的成本。②

---

① O. E. Williamson, *Markets and Hierarchies* (New York: The Free Press, 1975).

② O. E. Williamson, *op. cit.*; O. E. Williamson, *The Economic Institutions of Capitalism* (New York: The Free Press, 1985).

这种对两家机构相对优势的描述忽略了其中关键的部分，尤其是忽略了能够在组织内部决策分权的情况。能否决策分权又取决于员工对组织的忠诚度，以及他们对组织目标是否认同，而组织目标又源于员工的忠诚度，源于周围的信息环境。

去中心化（权力下放）。组织不是一个高度集权化的结构，在高度集权化的结构中所有重要决策都是由中心来做。组织若采用集权化的管理方式，组织将超越人类程序理性的限制，但是会失去层级管理制度所具备的优点。现实世界中的组织行为完全是另一个样子。①

某一决定可能受到大量事实和选择标准的影响，其中某些部分可能是由上级人员规定的，但这并不意味着组织采用了完全集权化的管理方式。组织可以通过分散决策行为来减少信息需求，市场运行也是这么做的。事实是可以确定的，只要确定它们的技术和信息最多，然后它们可以被传达到"收集点"，在那里所有与问题相关的事实可以汇集在一起，并达成一个决定。我们可以认为，决策的产生是执行一个巨大的计算机程序的结果，每一个子程序都有自己的特定任务，只依赖于局部信息源。不需要任何一个人或群体在决策的所有方面都是专家。

因此，经营组织像市场一样，是巨大的分布式计算机，其

---

① J. G. March and H. A. Simon, *Organizations*, 2nd ed. (Cambridge, MA: Blackwell, 1993).

决策过程是非常分散化的。一个大公司的顶层通常被细分为几个专门的产品组，它们只执行少数几个职能，最常见的是：（1）为资本项目分配资金的"投资银行"职能；（2）选择最高管理人员；（3）为资本资金和现有部门范围之外可能的新活动进行长期规划。

市场和组织不管多么分散，其效用也都不完全一致。那些在理想的竞争市场中能够得出的最优资源分配定理也能应用到层级管理当中。但这并不意味着，与实际市场相比，实际组织的运行效率就要更低。

外部效应。经济学家有时用外部效应（externality）来讨论组织情况，而并不谈市场情况。产生外部效应是因为仅当一次活动的全部投入与产出都能服从市场定价时，价格机制才能像宣传的那样起作用。允许工厂从烟囱里向外排烟而无须对周围的居民付健康补偿费，这便是外部效应的一个典型例子。在这种情况下，价格机制就不能保证生产活动达到社会预期的效果；产品价格会低于社会成本，从而导致产品过度使用。

经济学家喜欢把不利影响纳入价格系统的计算之中，从而减少外部效应带来的损失，如征收排烟税。这就产生了如何定价的问题。虽然用成本效益分析技术可以求出此问题的答案，但这些都算是政府给出的答案，而不是由自主市场机制给出的答案。

公司分部运营也存在外部效应，使大公司不大情愿让分部之间与部门之间的交易完全由内部市场支配。在缺乏完全竞争的情况下，内部市场价格为监管价格或协议价格，而非竞争价格。

不确定性。不确定性会让社会系统采用层级制而不是市场制度来做出决策。对于一个器械公司，如果生产部只管生产器械，市场行销部只管销售，那么让生产部与市场行销部分别估计第二年的器械需求量就很不合理。对于此类问题，以及产品设计的问题，让相关的部门根据同一估计（即使不正确）来运营，较之根据不同的估计（即使比较正确）来运营，也许更有利可图。面对不确定的状况，通过相互约定的假定或参数来实现的标准化和协调也许比预测的更有效。

事物都具备不确定性，这就要求我们采取灵活的措施来应对事物，但我们在真正面临不确定情况时所能采取的灵活措施是非常有限的。一切事情都取决于不确定的状况。如果关于个别市场状况的大量事实是不确定的，那么分散化的定价就显得很有吸引力；如果不确定性是总体性的，如果一些重大事件也充满了不确定性（这些事件将在同一方向上对组织的许多部分发生影响），那么，也许更可取的做法是，将为未来做假定的过程集中化，并指示分散化的单位在其决策中采用这些假定。

当组织中的一个单位猜测另一个单位会做什么的时候，不确定性因素就会让事情变得非常麻烦。若听凭市场力量支配，这种不确定性就会直接导致我们前面用博弈论和理性预期来分析的理性的困境。通过管理协调，由组织来吸收不确定性，也许是最有效的出路。作为决策机制，组织优于市场的常见原因之一就在于消除不确定性。

在有界理性的世界上，有许多方法可以提高个人的计算能力，加大他们集体生存和繁荣的可能性。人类通过结合采用市场和管理层级制，已大大地提高了自己的专业化能力和分工能力。不过，若将人口的巨大增长和广泛分布仅仅归功于这两种机制也太过分了——现代医学与现代技术也有几分功劳。但是，我们这个物种如今在地球上的统治地位（或许是暂时的）是人类理性（应用于局部而非全球性的）增加的证据，而使理性增加成为可能的正是市场和管理层级制这些社会性的人工物。

组织忠诚与组织认同

对于为什么诸多人类活动都发生在组织内部，我在前文已做出简要说明。人们往往会对自己所属的组织有很强的忠诚度。

认同的结果。人们对组织的忠诚度或许可以表明他们对组织的一种认同，这种对组织的认同既可以起到激励作用，也可以起到认知作用。这种激励作用又可以帮助组织完成目标，组织内部人员也愿意为组织效劳，有时甚至可以放弃自己的个人目标。实质上，实现组织目标就是实现个人目标。从世界各地发生的种族冲突中我们就可以发现，人们往往非常愿意为组织效忠，而且有强烈的组织意识和团体意识。

对组织的认同中还存在认知成分，组织内的人所获取的信息、概念和参考体系理念与组织外的人完全不同。作为理性能力有限的人类，我们无法解决世界中所有的复杂问题，我们了解的只是世界的表象，而且还是建立在自身组织视角下的认知，并且还会基于组织目标和利益来进行认知。

组织所提供的理念和信息会对决策过程和决策结果产生重大影响。各组织间、各层级间的理念也各不相同，某员工在不同部门、不同公司工作，其认同的理念也不相同。

如果组织成员对组织认同，他们同样会牺牲个人利益来实现组织目标，也就是说，组织成员的行为是利他主义的。如果公司只弘扬利己主义行为，那么这样的公司肯定是无法生存下去的。员工对组织认同会让员工倍加努力，这也是获得组织效益的重要来源，这也是经济活动要在组织内开展而不是在市场中开展的一个重要原因。

认同的进化基础。也许有的读者会发出反对的声音，他们会说人天生都是自私的，人是不会做出利他行为的。实际上，达尔文进化论指出，利他主义（除了对亲属外）与生物进化的基本假设相悖。[①] 我想说，这一观点其实是不正确的。[②]

因为人类的理性程度是有限的，而且我们还可以从社会组织中获得新的信息来扩展我们有限的知识体系，并加强我们的技能。那些容易管教、愿意接收新信息的人相较于其他人更有可能获得发展，适应周围环境。那些听话的人不必亲自去尝试就可以提前知道一些信息，比如他们不用用手去触摸火炉就可以知道火炉很烫手。

我们生活在社会中，我们获得的信息和建议是对我们非常有帮助的，至少我们不需要自己去发现知识，这还是非常不错的。但是听话的人需要"缴税"，"收税人"需要他们采取某些特定行为来满足群体需求，而不是利己行为。只要税收不是太重，不影响这种顺从行为，利他主义者会比那些不顺从的人更能适应环境的发展。这样一来，组织的适应性也会更强，从而利他主义行为也会增多，形成良性循环。顺从通常对个人有益，但如果顺从的话，人们会做出利他主义行为，而这种利他主义行为是增强组织效率的重要因素，这也对组织有益。

我们可以将现代社会中市场与组织的各自作用总结如下：（1）凡是相互依赖的各种活动最好以协调的方式来开展，以消

[①] 例如，对这种情况的阐述参见 R. Dawkins，*The Selfish Gene* （New York：Oxford University Press，1989）。

[②] H. A. Simon，"A Mechanism for Social Selection and Successful Altruism，" *Science*，250（1990）：1665 – 1668.

除个体之间的相互斗争，这便是组织的用处；（2）组织忠诚和认同给人们提供动力，使组织更具活力和生命力，并可缓解公共物品供应问题（个人努力和回报不能成比例时就会产生这些问题）；（3）无论是处在组织中还是市场中，人类理性边界问题都是通过安排决策过程的方式来解决，这样决策过程中的每个步骤都可以根据个体所能获取的信息来进行。

进化模型

进化过程不仅对于解释组织忠诚度有很大帮助，而且还可以用来描述和解释经济制度（包括商业公司）的发展历史。进化简单来说取决于两个过程：生产过程和生存考验。生产者可以产出新物种，但是只有那些能够适应环境发展的物种才能得以生存，这就是刚才所说的生产过程和生存考验。拿现代生物达尔文主义来说，遗传突变和染色体交换就是生产过程，自然选择则指生存考验。

经济活动者的另一种理论

没有人认为现代组织市场经济是认真设计出来的产物。当然，组织市场是从最开始的自然经济演化而来的。几千年来，众多经济活动者的无数决策形成了现在的市场经济。相比之下，大多数商业公司认为经济活动者在特定经济环境背景下有意地采取符合自身目标的行动。商业公司认为，环境适应源于理性活动者的选择，而不是源于自然选择。公司的进化论也许会认为，人们是追求最优化还是满意化并不重要，因为在竞争市场，只有那些做出最优化决策的人才能生存。[1] 这一理论是在表明我们都需要做出最优化决策吗？

我们的讨论中暗含着生物学和经济学的知识，因为进化生物学也持有同样的观点，即要做出最优化选择。近年来，进化生物学还采用了线性规划及其他方式来预测生物系统中自然选择的结果。如果做出最优化决策所达到的均衡与自然选择相同，上述说法才算是合理的。

局部最大值和全局最大值

首先我们得理解局部和全局的区别，这对于我们理解接下来的问题非常重要。在加利福尼亚平原，每座小山丘的顶点就是在那个空间内的局部最高点，但其实惠特尼山（Mt. Whitney）才是

---

[1]　A. A. Alchian, "Uncertainty, Evolution, and Economic Theory," *Journal of Political Economy*, 58 (1950): 211 – 222; M. Friedman, "The Methodology of Positive Economics," in *Essays in Positive Economics* (Chicago: University of Chicago Press, 1953). 最优化选择的定义被 S. G. Winter, "Economic Natural Selection and the Theory of the Firm," *Yale Economic Essays*, 4 (1964): 225 – 272 修改了。

加利福尼亚州的最高山，只有惠特尼山顶才能被称为全局最高点。对于许多目的来说，站在诺布山（Nob Hill）上与站在惠特尼山上还是有区别的。找局部最大值点通常相当容易，一直往山上走就好，直到无处可走为止。但是，找全局最大值点却极其困难，除非这块土地地形十分特别（没有局部最大值点）。在解决经济问题时我们经常会发现局部最大值点。如果某系统中的子系统总是能非常好地适应其他子系统，但整个系统只能达到局部均衡，则远不能达到最优均衡状态。

进化论的缺陷

达尔文进化论的局限性非常强。在每一次进化过程中，生物体都会对周围环境变得更加适应，但从全局来看，其适应能力并不能达到最优状态，也并不是说可以适应所有环境了。如果我们对这种系统加以考虑，系统环境中有大量局部最大值，我们只有在了解其进化方式和进化历程的前提下才能真正了解这个系统。而且在此之前，我们也无法认定该系统就是最为"合适"的系统。

在有局限性的登山系统中，要想从一个局部最高点转移到另一个局部最高点似乎不太可能，因为它们中间还隔着一条深深的峡谷，就好比要从英制度量衡转向公制度量衡一样。如果让一个社会重新选择度量衡，而且该社会对两种度量衡都非常

熟悉，则它肯定会选择公制而不选英制。但是，如果未来收益
要以某种利率折现，一旦采取了某种制度，之后再转换成另外
一种制度的话，一定是不合算的。

因此，现在经济体系还在不断发展，我们还不能下结论说
经济体系已经达到了完美竞争体系中的均衡。在生态系统中，
在每种物种适应环境的同时，环境中的其他物种也在不断进化。
这种系统的进化与未来只有通过其历史才能理解。

经济进化的机制

如果说公司以及生物物种对环境的不断适应也是启发式搜
索的一种，这也不过是局部优化的结果，我们仍需要对这些能
够引起适应行为的机制进行解释。按当代生物学的观点，这一
机制存在于基因内部，这种机制能够让基因成功复制。公司的
哪个组成部分与基因相对应呢？

纳尔逊（R. R. Nelson）和温特（S. G. Winter）认为，公
司的大部分工作是通过标准操作程序完成的。这些标准操作程
序其实就是进行日常决策的程序化算法，随着公司管理人员和
职员的更替，这些算法一直在被使用。[①] 对这些算法进行创新
和变更的过程就是进化的过程。适应性考验是公司在改变算法

---

① R. R. Nelson and S. G. Winter, *An Evolutionary Theory of Economic Change* (Cambridge: Harvard University Press, 1982).

之后的盈利能力与增长率。能够盈利的公司通过对利润再投资并吸引新投资的方式来获得发展。

纳尔逊和温特注意到，经济进化与生物进化不同的是，对于一个公司行之有效的算法，其他公司可以直接拿来使用。因此，这种假设的进化系统属于拉马克主义式（Lamarkian），因为任何经认可的新思想都可以被纳入运行程序，所以一个公司的成功完全可以适用于另外一个公司。当然，这种成功转移也是需要付出一定代价的，学习其他公司的成功经验需要交一定的"学费"。这种转移或许也会受到专利保护或涉及商业机密，从而会受到一定阻碍。然而，上述这些过程在由公司组成的经济体系的发展中发挥了巨大作用。

基于这些考虑可以看出，公司和经济体的进化并不会让均衡状态变得更容易预测，更别谈什么最优状态了，这一进化过程是一个十分复杂的过程，这个过程或将无限持续下去，对其历史进行考察或许才能对其有更为深入的了解。任何动态系统（dynamic system）从几乎一模一样的出发点起步后，往往遵循不同的路径，因此，关于经济体的均衡理论对于经济体的现状和未来起不到很大作用。

人类社会

经济学被认为是"忧郁的"科学，这是不公正的，之所以有这一说法，是因为在李嘉图（Ricardian）版本的经济学中包含了包括马尔萨斯（Malthus）关于人口对资源造成压力的观点，其中表示对人类进步并不抱有很大希望。之所以说这一说法不正确，是因为经济学实际上对人类精神的描绘是十分浪漫的，还会带有英雄主义色彩。古典经济学认为，解决人类（无论是个人还是集体）问题，就如同解决资源分配这一十分复杂的问题一样。经济活动者十分狡猾，他们可以让自己充分适应环境以满足自身所需。在这一章中，除了主要讲述适应能力，我还尝试引出一种更为复杂的状态。在对经济活动者和经济体制进行描述时，不忘叙述内部环境所设置的限度——信息处理的限度。在进行这番叙述时，还必须考虑到经济决策者有意识的理性行为，以及那些未经设计但是能够塑造经济体系的适应性进化过程。

运筹学和人工智能让经济决策者更加理性，帮助他们做出更好的决策。从全局来看，市场和组织都属于社会机制，能够促使各行为更加协调，同时还能够节省稀有的人类资源以解决复杂性问题和处理大规模信息。在本章中，我未打算对各种形式的个体组织与社会组织进行评价，只是将这些组织作为应对我们的有界理性这个重大人类问题的常用解决方案给予了描述。

分析表明，要更深入地理解程序理性的工具，就需要更仔细地检查人类思维是如何运作的，以及人类理性的局限性。之后两章将描述我们在过去半个世纪中关于人的信息处理过程已经了解到的东西，第 3 章集中讨论解决问题过程和一般认知结构，第 4 章则集中讨论记忆和学习过程。

思维心理学：自然中的人工智慧

让我们来观察一只在海滩上费力前行的蚂蚁。它向前移动，向右倾斜以减轻爬上陡峭沙丘的难度，绕着一块鹅卵石走了一圈，停下来和一位同伴交换了一会儿信息。就这样，它绕着弯、走走停停地回到了家。为了不将这只蚂蚁的目的拟人化，我将它的路径画在一张纸上。这是一个不规则的序列，但也不是完全随机的，蚂蚁有一种潜在的方向感，最终总能到达目的地。

我将这幅未起名的图给一位朋友看。这一路径会是谁走出来的呢？它或许是一位技艺高超的滑雪运动员沿着障碍重重的陡峭斜坡滑下去的路径，或许是一只帆船在遍布着岛屿与浅滩的海峡里迎风而上的路径，也或许是一条抽象的路径——某学生求证几何定律所形成的搜索路径。

无论是谁走出了这一路径，无论它是在什么样的空间里形成的，为什么它不是直的呢？为什么它不是直接从出发点走向目的地呢？对于蚂蚁的例子（其他例子也一样），我们知道答案。蚂蚁大致知道家的位置，但它无法预知所有这些障碍，它必须不断地绕过障碍物。蚂蚁视野很窄，所以只能遇见一个障碍就绕开一个，遇见一个障碍就重新搜索路线，对接下来的障碍也无法提前做出判断。要想让蚂蚁陷入深深的迂回中，还是很容易的。

若将蚂蚁的路径看作几何图形，那么这个几何图形既复杂又不规则，很难对其进行描述。但实际上，这种复杂性出于海滩表面的复杂，而并不是蚂蚁本身复杂。

如果海滩上还有其他动物，它的家同蚂蚁的家在同一位置，它所走出的路径很可能与蚂蚁的相似。

许多年前，沃尔特（Grey Walter）造了一只电动"海龟"，"海龟"只有触觉，但能够找到特定的房间给自己充电。[①] 如今，在很多人工智能实验室里，有视觉能力的机器人都可以实现自由行走。[②] 假设我们设计一个与蚂蚁大小、运动方式、感受敏感程度相当的机器人，并给机器人赋予一些简单的适应能力：如果碰到一个陡坡，可以努力往上爬；如果碰到越不过的障碍，可以试图绕过去。（除了元件内部的问题外，凭目前的技术水平肯定能设计出这种机器人。）它的行为与蚂蚁的行为有何不同呢？

把蚂蚁视作一个行为系统，问题就会很简单。蚂蚁复杂的行为表现只是对所处复杂环境的外在表现。

这一假设在开始时还不能被完全证实。这是一个经验性假说，有待检验。我们可以观察，给蚂蚁赋予简单的适应能力之后，我们还能否对其行为进行解释。由于第 1 章详细阐述的那

---

① W. Grey Walter, "An Imitation of Life," *Scientific American*, 185 (1950): 42.

② 具体例子参见 R. Brooks, "A Robust-layered Control System for a Mobile Robot," *IEEE Journal of Robotics and Automation*, RA-2 (1986): 14-23。1995 年夏天，一辆机动车 NAVLAB 在从华盛顿特区到加利福尼亚州圣迭戈的公路上自动驾驶，并表现出强大的越野导航能力。

些原因，这一假说的真伪与蚂蚁是简单系统还是复杂系统（从微观角度来看）并无关系。在细胞或分子水平上，蚂蚁显然是很复杂的，但内部环境的这些微观细节也许与蚂蚁的行为基本无关（就行为与外部环境的关系而言）。因此，制造的机器人虽然在微观层次上与蚂蚁完全不同，却可以大致模拟蚂蚁的行为。

在本章中我想探讨这一假说，不过用"人"代替了"蚂蚁"。

若将人类视为行为系统，问题也会变得简单。我们复杂的行为只不过是对复杂环境的外在表现。

现在我应该对我的假设加以限制。我并不会考察一个完整的人，并不会考虑其身体器官，我所讨论的仅仅是"智人"（Homo sapiens），即"有思想的人"。我坚信，即使是对于一个完整的人，上述假说仍然成立，但是我们一开始就这么做还是很明智的，我们只用分析认知而并不是其行为本身。①

另外，人类是可以记忆很多信息的，只需要适当刺激，这些记忆就可以被唤醒。因此，我觉得与其说储存信息的记忆是

---

① 我在 "Motivational and Emotional Controls of Cognition," *Psychological Review*，74（1967）：29 - 39 中对这一假说进行了延伸，并在 "An Information-Processing Explanation of Some Perceptual Phenomena," *British Journal of Psychology*，58（1967）：1 - 12 中将其拓展到了感知的某些方面。两篇论文收录于我的 *Models of Thought*，vol. 1（1979），chapters 1. 3 and 6. 1. 对这些问题的讨论在 "Bottleneck of Attention: Connecting Thought with Motivation," in W. D. Spaulding（ed. ），*Integrative Views of Motivation，Cognition and Emotion*. Lincoln, NE: University of Nebraska Press，1994 中继续展开。

有机体的组成部分，倒不如说是周围环境的一部分。

最后两章对为简单性假设指定一些先验概率的原因进行了阐述。一个有思想的人是一个自适应系统；人的目标确定了他的内部环境与外部环境的界面，环境中包括这些储存的信息。由于人类适应性很强，他的行为所反映的主要是外部环境（就他的目标而言）的特征，了解不了很多其内部环境的特征（使人能够思想的生理特征）。

我不打算详细阐述这一论点，而是想在人类思维过程中获得经验证实。我想指出的是，在思维对象的内部环境中，只有少许几个特征能够限制其适应性行为。思维过程和任何处理问题的行为都是习得的，若对其内部设计加以改善，提高储存能力，则思维过程和处理问题的行为都能得到提高。

作为人工科学的心理学

解决问题的过程就是探索各种可能性，我们可能会在这个过程中迷失方向，但可以增进我们对周围环境的了解。要想成功解决问题，我们需要在这个过程中进行选择，让问题保持在可控范围之内。我们来看一个具体的问题。[①]

$$
\begin{array}{r}
DONALD \\
+GERALD \\
\hline
ROBERT^*
\end{array}
\quad D=5
$$

我们需要用从 0 到 9 的数字来代替式子中的字母，同样的字母必须用同一数字代替，不同的字母用不同的数字代替，替换后式子仍然成立。字母 D 应该用 5 来代替。

我们可以将所有可能都试一遍，但尝试的次数将达到 10 的阶乘。这一数字对于现代计算机来说可能并不算特别多，也就 300 多万次。如果我们设计一个程序来尝试每一种可能，每次尝试需要 0.1 秒，10 来个小时也能完成。有了提示 D=5，时间可以缩短到 1 个小时。我并未编写这个程序，不过我想大型计算机检验每种可能性所需的时间比 0.1 秒要短得多。

没有证据表明人也能达到这个速度。对人来说，产生与检验每一种方式需要花 1 分钟。人很难记住进行到哪一步了，也很难记住自己已经尝试了的所有种类。可以拿笔和纸记一记，但这样速度会更慢。要是这样干，几个人同时工作也得好几年才能完成（假设每人每周工作 40 个小时）。

---

① 算术码运算任务最早由巴特利特（F. Bartlett）在其 *Thinking*（New York：Basic Books，1958）中用来研究解决问题。在本章中，我也借用了他的著作和我与纽厄尔一起做的研究内容。对后者的报道，见 *Human Problem Solving*（Englewood Cliffs，N. J.：Prentice-Hall，1972），chapters 8-10。

* 在该式中，两个加数与总和都是人名：唐纳德＋杰拉德＝罗伯特。——译者注我们将不会采用这种方式，因为这种方式对人类来说行不通。我们假设简单算术运算所需时间是以秒计算的；运算基本上是有序进行的，而不是并行进行的；储存新信息的速度也以秒为单位计算，其速度还并不能在一秒以内完成。这些假定涉及人的中枢神经系统的生理机制，但没有涉及很多。比如说，如果我们能够在大脑里植入一个子系统，该系统还具备台式计算机的所有性能，那么这将是脑外科手术上的重大突破。但是，即使是这样一个彻底的改变，也只是为了解释或预测这种问题环境下的行为，也只会将有关假说改变那么一点点。

人们经常解决像"DONALD＋GERALD＝ROBERT"这样的问题。他们是怎么做的呢？还有什么其他方法可以展现环境或者进行研究呢？

搜索策略

系统化解决这些任务可以大大减少搜索次数，不过是将数字与字母一一配对，这样配对尚未完毕就可能发现前后矛盾，于是一步就能排除整组的可能配对方式。接下来我将具体解释一下。

假设我们从右边开始，依次试着为字母 D、T、L、R、A、E、N、B、O、G 配对，按 1、2、3、4、5、6、7、8、9、0 的顺序代入字母。

已知 $D=5$，于是将 5 从现有数字的表中排除。现试试 $T=1$。在右列检验一下，发现有矛盾，因为 $D+D=T+c$，c 是 10 或 0。既然 $D=5$、$T=1$ 是不可行的，我们就可将余下的 8 个数字与余下的 8 个字母配对的 8! 种可能性全部排除。同样，除 $T=0$ 外，T 的所有其他可能配对方式都可排除，不管余下的字母的配对情况怎样。

该方案还可以进一步改进，通过加法直接计算列和的赋值，只要两个加数是已知的。改进之后，无须搜索代表 T 的数字，因为从 $D=5$ 能直接推断出 $T=0$。用这种方法，$DONALD+GERALD=ROBERT$ 问题靠纸笔就可很容易地解出，10 分钟就足够了。图 3-1 是简化版的搜索树。每一分支不断延伸，在遇到矛盾时停止。例如，在确定 $D=5$、$T=0$ 之后，$L=1$ 可推算出 $R=3$，但是此时 G 为负数，与问题条件相矛盾。

图 3-1 在某一方面已经大大简化了。如果一个树枝给 E 赋值之后遇到矛盾，此时应该分岔多试一步。因为在发生这种矛盾时，你会发现，无论给 O 赋什么数值都行不通。在每一种情形中，必须检验四个配对来确定是否有矛盾。因此，完整的搜索树应该有 68 个树枝，68 较 10 的阶乘或 9 的阶乘小得多。

这样就极大减少了我们的搜索范围，我们不用再无穷无尽地去做各种尝试了。但其实这种方法并不像我在此呈现的这么简单。在我们所提出的方法中，有一个步骤是要求发现某种配对所隐含的矛盾。这当然指的是"比较直接的矛盾"。因为，如果我们有一个快速运转的程序，能够检测出所有不合适的情况，我们立马就可以得出问题的解决方案。对于此问题，除了唯一正确的一组配对方式外，其余组配对方式都会存在矛盾。

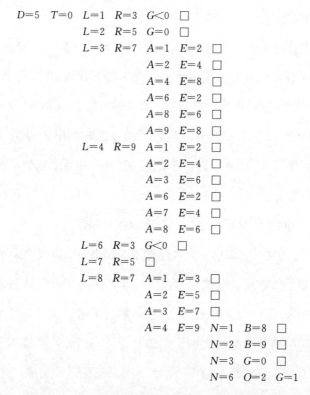

图 3-1　"*DONALD＋GERALD＝ROBERT*"的搜索树

寻找直接矛盾的意思是：在做一个新的配对后，将刚被代替的字母所在的列都检验一下。如果可行，对于每一个这样的列，都将一个尚未配对的字母当作未知数求解，然后检查答案，看看求出的这个数字是不是尚未被配对的。如果不是，则存在矛盾。

我们现在不是蛮力搜索（brute-force search），而是有了一个结合了搜索与"智慧"的系统。我们能否将这一过程再往前推一步，能否彻底消除这种不断试错的搜索方式（trial-and-error search）？这种方式对这个问题可以，不过并不是对所有算术码问题都可以。[①]

想不采取这种试错的方式，我们就不能采取这种从右到左不断尝试的方式。反之，我们可搜索问题算式的一些已十分确定的数列，这些列能使我们求出新的配对方式，或至少能对配对的性质进行新的推断。

我简述一下这一过程。由 $D=5$，我们推断出 $T=0$，如前所述。我们也知道，1 进位到了第二列，因此 $R=2L+1$，R 是一个奇数。在最左边，由 $D=5$ 我们可断定 R 大于 5（$R=5+G$）。结合这两个推断，我们可知 $R=7$ 或 $R=9$，但我们对此不进行检验。此时我们发现左起第二列具有特殊的结构 $O+E=O$，即一个数加上另一个数等于它自身。根据数学知识和经验

常识可知，只有当 $E=0$ 或 $E=9$ 时该式才成立。因为 $T=0$，则 $E=9$。此时 R 只能为 7。

又因为 $E=9$，则有 $A=4$。必须有 1 从右边进入第三栏，因此 $2L+1=17$，$L=8$。现在将 1、2、3 和 6 依某种顺序代替 N、B、O 和 G。无论 O 为何值，总要向左列进位，得到 $G=1$。现在只剩下 3 的阶乘即 6 种可能性。我们也许愿意用尝试法来消除多余的可能性，最后得到 $N=6$，$B=3$，$O=2$。

我们刚才在关于搜索策略的三种不同假设下，搜索到了解决问题的方法。策略越复杂（在某种意义上而言），需要的搜索步骤越少。但重要的是，一旦选定了策略，搜索路线就仅仅取决于问题结构，而不取决于解题者本身。通过观察人或者计算机在问题环境中的运行，我们能了解到什么呢？我们或许可以推断出其采用了何种策略。通过认识他们在过去所犯下的错误以及改正错误的经历，我们可能获悉其能力限度以及记忆精度。在有利的环境下，我们也许能够知道在已知策略中，个体实际上能够获得哪些，以及在什么环境下可能会获得这些策略。关于中枢神经系统的神经学特性，我们肯定不能学到任何具体东西。中枢神经系统的具体内容与个人的行为也没有关系，它只是给可能发生的行为做出了一定的限制。

性能限度

现在我们来看一看，这种问题情景中的行为所揭示出的界

限和限度到底是什么。为了了解这些限度，我们可以利用实验
证据和用计算机对人体行为进行模拟时所产生的证据。这些证
据涉及各种各样的认知任务，从比较复杂的任务（算术码问题、
弈棋、定理证明），到中等复杂程度的任务（概念获得），再到
心理学实验室最喜欢的简单任务（机械语言记忆、短时记忆广
度），都会涉及。重要的是，在这多种多样的任务中，内部系统
适应性的限度只有一小部分得到反映，而且这些限度对所有任
务基本上是一样的。因此，讨论这些限度是什么，可以给人在
各种各样的任务环境中的表现提供统一的解释。

概念获得的速度限度

对概念获得问题，人们已在下述的一般范式内进行了广泛
的心理研究。[①] 刺激物是带有简单几何图案的一组卡片，图案
在各方面均不同，比如形状（方形、三角形、圆形）、颜色、大

---

① 这里对概念获得的说明基于我已故同事李·格雷格（Lee Gregg）所写的内
容进行表述，参见 Lee Gregg, "Process Models and Stochastic Theories of Simple
Concept Formation," *Journal of Mathematical Psychology*, 4 (June 1967): 246 -
276；也可参见 A. Newell and H. A. Simon, "Overview: Memory and Process in
Concept Formation," chapter 11 in B. Kleinmuntz (ed.), *Concepts and the Structure
of Memory* (New York: Wiley, 1967), pp. 241 - 262。前一篇论文收入 *Models of
Thought*, vol. 1, chapter 5.4。

小、图形在卡片上的位置等。"概念"就由一些卡片来代替，这些卡片就代表着对应的"概念"。概念的内在区别由其具体性质决定，每一卡片都具有特定性质，与其他卡片均不同。比如说"黄色"或"长方形"就是简单概念，"绿色三角形"或者"大且红"为合取概念，"小或黄"为析取概念，等等。

在这里的讨论中，我将引证使用 N 维刺激物的实验，每一个维度有两个可能值（简单概念）。在每次试验时，给受试者看一个例卡（正值或负值），他回答"正的"或"负的"，然后根据情况告诉他"对了"或"错了"，予以强化。在这一典型实验中，将试验次数和错误回答次数记录下来以报告受试者的行为，最后得出一个用无错率来反映的成绩。有些实验也要求受试者不时地报告内涵概念。

情形很简单，像算术码问题一样，我们可以提前估计我们需要尝试多少次，一个受试者平均需要几次试验就能发现例卡所指的概念是什么（条件是受试者采用效率最高的发现策略）。每次试验，不管回答是什么，受试者可根据实验者用作强化物的断语断定该刺激物到底是不是某概念。如果是，受试者就知道该刺激物的某一属性（例如颜色、大小、形状），从而确定这一概念。如果不是，受试者则知道，它的某一属性值的互补物确定了概念。无论在哪种情况下，每一试验都可以将尝试次数减少一半；在由刺激物组成的随机序列中，平均来说，有一半的刺激仍不能被排除。因此，发现正确概念所需的平均试验次数与刺激物的维数的对数值成正比。

假设每次试验都给以足够的时间（就说给 1 分钟吧），并给受试者纸笔，那么所有正常人都可以很容易就学会效率最高的策略。而实际上，在进行这些实验时，受试者并未被教给高效策略，也没有纸笔，对连续出现的每个刺激物只有很短的反应时间（一般为 4 秒钟）。

他们发现正确概念所需试验次数比根据高效策略计算出的次数多得多。即使经过训练，一个被要求不用纸笔在 4 秒钟内做出反应的受试者是无法采用高效策略的。虽然这种实验还没进行过，但我可以肯定我的说法是正确的。

这些实验对于我们人类的思维又有什么启发呢？第一，这些实验告诉我们，人并不总能自己发现一些巧妙的策略，即使他们很容易就可以学会这些策略。虽说这一结论有指导意义，但并没有给人眼前一亮的感觉。我待会再来继续讲。

第二，我们还可以知道，除非大大降低展示刺激物的速度，或允许受试者采用帮助记忆的外部手段，人并没有足够的手段将信息储存在记忆里以来应用高效策略。我们通过其他证据得知，人的半永久记忆有无限容量（正如他们能够在一生中的大部分时间里继续在记忆中存储奇怪的事实所表明的那样），实验成绩的好坏取决于记忆储存的速度以及由短时记忆转向长期记忆所需的时间。[①]

根据其他实验证明可知，人的短时记忆可以记住 7 条信息，由短时记忆转向长期记忆需要花 5～10 秒。为了让实操性更强一些，我们得把信息的含义说得更具体一点。我们暂时假定一个简单的概念就是一个信息。

即使没有纸笔，我们也可以指望受试者采用高效策略，只要满足以下两点：（1）受试者被教给了高效策略；（2）每次试验给他二三十秒对刺激物做出响应和处理的时间。由于我并没有做这个实验，上述断语是一个预言，可以用实验来进行检测。

这一次，也许你又感到结果是显而易见的（如果不说是微不足道的话）。如果是这样，那我提醒你，仅当你接受了我的一般假设时，结果才是显而易见的。假设是这样的：受目标指导的人类行为在很大程度上只反映了所处环境的外部特征；只需对人的信息处理系统的特征有个粗略的了解，便可预言该系统的行为。在此实验中，有关的特征量似乎是：（1）短时记忆容量，以信息块数计量；（2）信息变为长期记忆所需的时间。由于我并没有做这个实验，上述断语是一个预言，可用实验来加以检验。在下一节中，我将探讨这些特征在一系列任务环境中

---

① 布鲁纳（J. S. Bruner）、古德诺（J. J. Goodnow）和奥斯汀（G. A. Austin）的专著《思维研究》（*A Study of Thinking*）是第一本强调短时记忆在概念获取方面存在限制的书。该书对受试者采用的策略也有详细描述。

的一致性。在此之前，我想对受试者的策略知识和训练受试者的效果做一个结论性的评论。

学到策略后可大大改变性能，提升工作效果，这完全是可以实现的。所有教育机构都是在这些前提下建立的。进行认知实验的心理学家们并未完全认识这些前提所具有的含义。由于行为是后天习得技术的函数，而不是人的信息处理系统的"固有"特征的函数，因此，我们关于行为的知识在性质上就应当看作是社会学而不是心理学——也就是说，这一知识揭示出，人们从在特定社会环境里成长的过程中到底学到了什么。他们何时、又是如何学到了一些具体的行为？这也许是一个困难的问题，但是我们不能将学到的策略与构成策略基础的生物系统的固有性质混淆起来。

巴特利特和我们自己的实验室所收集的关于算术码难题的资料说明的观点是相同的。在那个难题中，不同的受试者确实使用着不同的策略——我在前一节简述的各种策略，还有其他一些策略。他们怎么学会这些策略的，或他们是怎样在解题时发现这些策略的，我们并不十分清楚（见第 4 章）。即使我们知道策略的复杂程度与受试者过去接触数学与喜欢数学的程度成正比，但是，策略问题放在一边，在算术码问题中，强烈表现出来的唯一涉及人的特征是：短时记忆是有容量限度的。受试者在执行综合性强的策略时遇到的大部分困难（或许还要加上他们对这些策略的厌恶感），都是因为这些策略给短时记忆增加了额外的压力。受试者遇到困难，是因为他们不记得已进行到哪一步了，不记得已经试过哪些配对，也不记得在他们有条件进行的配对中隐含了什么假定。如果短时记忆只能容纳几个信息块，并且短时记忆所需时间比将信息转为长期记忆所需时间还长，那么肯定会出现问题。

记忆参量——每个信息块持续 8 秒钟

如果我们刚讨论的几个参量是内部系统的主要限制因素（它们在人类认知行为中表现出来），那么估计这些参量的值，确定它们对于不同受试者和不同任务将如何变化，便是实验心理学的一项重要任务。

除了感官心理学的某些领域，心理学中典型的实验范式关注的是检验假说而不是估计参量。在实验报告中，我们能看到许多这样的断论：某参量值与另一参量值可能会有"显著差异"，而对参量值本身却很少讨论。而事实上，有些人报告置信度或方差分析结果，而根本不报告这些结论所含有的参数值，这种做法是不恰当的。

此外，实验心理学还有一方面我们不太满意。通常，人们在选择对理论最有意义的行为测度单位时一点儿也不慎重。结果，在关于学习的实验当中，人们漠然地以"达到标准的试验次数""错误总数""达到标准的总时间"（或许还有其他测度值）来反映"学习速率"。用试验次数而不是用时间来反映学习速率的做法（这种做法在 20 世纪上半叶一直盛行，而且几乎一直影响到现在），不仅掩盖了该参量的不变性（我接下来将讨论这一点），也导致了关于"一次试验"学习与"渐进"学习之间毫无意义的争论，这在这种实验中尤为明显。①

埃宾豪斯（Ebbinghaus）知道得更多。他做了一个经典实验，并以自己为实验对象，在实验中学习一些没有意义的音节，记录音节重复的次数以及记录记住不同长度音节所需要花费的时间。如果不嫌麻烦，你可以计算一下，你会发现他在实验中的每个音节的记忆时间为 10～12 秒。②

将这个数据计算到两位小数我觉得没什么必要，甚至一位

---

① 关于固定参量的不变性，参见 L. W. Gregg and H. A. Simon，"An Information-Processing Explanation of One-Trial and Incremental Learning," *Journal of Verbal Learning and Verbal Behavior*，6（1967）：780 - 787；H. A. Simon and E. A. Feigenbaum，"An Information-Processing Theory of Verbal Learning," *ibid.*，3（1964）：385 - 396；Feigenbaum and Simon，"A Theory of the Serial Position Effect," *British Journal of Psychology*，53（1962）：307 - 320；E. A. Feigenbaum，"An Information-Processing Theory of Verbal Learning," unpublished doctoral dissertation, Pittsburgh：Carnegie Institute of Technology，1959；以及他们引用的参考文献除最后一篇外，所有文献都转载于《思维模式》第一卷。

② Herman Ebbinghaus，*Memory*（New York：Dover Publications，1964），translated from the German edition of 1885, especially pp. 35 - 36，40，51.

也没必要。这里说的不变性是在一个数量级上的不变，也许是2倍——这个不变性与日常温度（在大部分地区，它保持在绝对温度 263K～333K）的不变性类似而与光速的不变性则不同。没有理由看不起 2 倍范围内的不变性。牛顿对声速的最初估计值含有 30％的模糊因子（100 年后才被消除），当今基本粒子的某些新的物理"常量"甚至更加不明确。当常量不是那么明确时，我们通常可以期望找到一个真正的参数，一旦我们知道在测量过程中必须控制什么条件，我们就可以精确地得到这个参数的值。

如果这个不变性只是反映了埃宾豪斯的一个参量——尽管这个参量几年内一直保持稳定，那么传记研究将比心理学研究更有趣。不过事实并非如此，当我们考察 20 世纪 30 年代的赫尔-霍夫兰（Hull-Hovland）的一些实验时再次发现，大学二年级学生用系列预期方法记住无意义音节所需时间为 10～15 秒（这是我们计算的，原先报道的是试验次数而不是时间）。当变换速度加快时（比如从每音节 4 秒加快到每音节 2 秒），达到标准的试验次数成正比地增加，但总的学习时间基本不变。

在这些山中有许多金子。如果从我们现在这一观点出发重新考察过去的无意义音节实验，结果会表明：在许多实验中，基本学习参数为每音节 15 秒左右。你可以根据已报道的实验进行计算，如我们可以利用麦吉奥赫（J. A. McGeoch）的《人类学习心理学》（*Psychology of Human Learning*）一书中报道的实验进行计算。然而，似乎是布杰尔斯基（B. R. Bugelski）首先将这些参量记录在案，而且就是为了证明这一不变性。[①]

我并没有夸大衡量的不变性。另外，我们才刚刚开始提高参量测量质量。我们的确知道几个对该参量的值有重要影响的变量，关于这些影响，我们一直有一套比较有效的理论来对其进行解释。

我们知道，音节意义含量也是一个非常重要的变量。学习那些可联想度比较高的无意义音节所需时间约为学习那些可联想度低的无意义音节所需时间的 1/3。学习意义连续的散文的每个单词所需时间又是学习那些互不相关的单词所需时间的 1/3 左右。

我们知道，相似性，尤其是刺激物之间的相似性对固定参量的影响没有意义性那么大，我们也可以根据理论来估计相似性的影响程度。

关于机械语言学习的文献报道了上述现象和其他现象，对这些现象的解释最成功的理论是一种信息处理理论，它被编成

---

① B. R. Bugelski, "Presentation Time, Total Time, and Mediation in Paired-Associate Learning," *Journal of Experimental Psychology*, 63 (1962): 409–412.

了一个模拟人的行为的程序，叫作 EPAM。[①] EPAM 在文献中已有详细介绍，这里我就不讨论了，我只提与我们的分析有关的内容。EPAM 理论给我们提供了理解信息块的基础。一个信息块是刺激物的最大子结构。因此，像"QUV"这样的一个无意义的音节由"Q""U""V"三个块组成，而"CAT"（猫）这个词就是一个块，因为这是一个人们很熟悉的信息单位。EPAM 认为，记住一个信息块所需要的时间是固定的。经验数据表明，该常量可能为 8 秒或更久些。事实上，EPAM 就意义性、熟悉性和相似性对学习速度的影响所做的一切定量预测，都是从块的概念和固结一个块所需时间的不变性的概念出发的。

在固结新信息时，EPAM 首先在其区分网上增添新枝，然后给这些枝梢的节点上的图像增添信息。越来越多的证据表明，储存长期记忆所需的 8 秒时间只是为了扩充网状结构，而已经存在的长期图像记忆转移到特定位置只需一两秒。这些图像被称为检索结构或模板。在讨论专家记忆时我们会再讨论这一点。[②]

---

① 对 EPAM 测试的一系列现象的调查参见 E. A. Feigenbaum and H. A. Simon，"EPAM-like Models of Recognition and Learning," *Cognitive Science*，8（1984）：305 - 336，reprinted in *Models of Thought*，vol. 2（1989），chapter 3. 4。

② EPAM 的结构和记忆过程参见 H. B. Richman，J. J. Staszewski and H. A. Simon，"Simulation of Expert Memory Using EPAM IV," *Psychological Review*，102（1995）：305 - 330。

记忆参量——7 个信息块还是 2 个？

在关于学习和解决问题的实验中一再表现出来的内部系统的第二个限制性质，是短时记忆所能储存的信息量。这里我们还是需要用信息块来表示信息单位，该术语在这里的意义同在固结常量定义中的意义完全相同。

人们的注意力被吸引到了这个参量上，这个参量在乔治·米勒（George Miller）的著名论文《神奇的数字 7，加减 2》（The Magical Number Seven，Plus or Minus Two）中的数字广度类任务、数字判断类任务和辨别任务中就已经知道了。[1] 下列情况已不像他写论文时那么讲得通：三种任务涉及同一个参量，而不是三个不同的参量。这里我们仅考察数字广度类任务。如今，我们会将这个参量表达为约 2 秒时间内能够复述出的信息量，这些信息量约为 7 个音节或 7 个短词。

从近些年的短时记忆实验中我们可以知道，如果要求受试者背诵一串数字或字母，那么他一般能正确背出 7～10 个信息单元。如果在受试者听信息和重复信息的时候穿插一些其他任务，即使任务非常简单，受试者也只能记下 2 个信息单元。我

---

[1] *Psychological Review*，63（1956）：81‐97.

们可以称这些数字为"电话号码常数"，因为人们在日常生活中对电话号码很熟悉。如果看了电话号码簿后不被任何思绪打扰，我们一般能记住 7 个数字。

有些实验表明，即使被打扰后，人们仍然可以记住 2 个以上的信息块。这些现象用我们前文中讨论过的机制就完全可以做出相应的解释。这些实验可以按照米勒的方式来说明：受试者先将刺激物重新编码成较少的信息块，然后再进行短时记忆。如果 10 个信息单元能编码为两个信息块，那么我们就可以把它们全部记住。在其他的实验当中，短时记忆能够记住很多内容，原因在于给受试者的时间很充分，可以让他们把短时记忆加载入长期记忆当中。对于已经掌握了其领域内的检索结构或模板的专家来说，记忆新的信息所需要的时间非常短，甚至只需一两秒。

不论专家的表现，我只举两个例子。沃（N. C. Waugh）和诺尔曼（D. A. Norman）在文献中报道了他们和其他人的一些实验。这些实验表明，受试者被打搅后只能记住事情序列中的前两件事情，而忘记其他事情。[1] 对于这些实验中的受试者的固结时间的计算表明，转为长期记忆的传输率大约为每个信息块 5 秒。（这完全符合沃和诺尔曼提出的理论模型。）

---

① N. C. Waugh and D. A. Norman, "Primary Memory," *Psychological Review*, 72 (1965): 89 - 104.

谢泼德（Roger Shepard）曾报告说，让受试者们看很多连续的照片（大部分是风景照）后，要求他们在一堆照片中选出自己已经看见过的照片。结果表明他们记得非常牢固。[①] 我们需要注意的是这是一个认知任务，因此它只要求区别差异化线索，而且每张照片平均只停留 6 秒。正如我们提出的框架理论一样，这样的现象是完全可以理解和预测的。

组织记忆

我还可以引用很多实验来支持固结参量和短时记忆容量参量这样两个概念并且支撑这样一种假说：这些参量揭示了它们是标准心理实验信息处理系统几乎唯一的主要特征。我并没有把这些实验一一列举出来。

但是这并不是说实验中没有其他参量或找不到估量它们大小的实验方法。这只是意味着我们不应该在支配人类行为的规律中寻找复杂性，因为在这种情况下，人类所处的环境十分复杂，但是行为却很简单。

在我们的实验中，我们发现心算任务为我们找到其他参量

---

① Roger N. Shepard, "Recognition Memory for Words, Sentences, and Pictures," *Journal of Verbal Learning and Verbal Behavior*, 6 (1957): 156-163.

提供了很好的条件。丹塞罗（Dansereau）所进行的工作表明，在进行四位数乘以二位数的心算时，基本算术运算和阶段运算结果所固结的时间只占总时间的一半。剩余的大部分时间都用来从记忆中搜索数字并在记忆中储存后安放在短时记忆能够运行的位置上。①

刺激物组块

现在我想揭示一些在实验中具有"结构性"特点的内部系统，同时它也比较难以定量。一般人们会认为记忆是靠联想的方式组织起来的，但是时至今日人们也没有弄清楚"联想"的具体含义。麦克莱恩（McLean）和格雷格揭示了联想的某一个方面的意义。他们让受试者记忆乱序的 24 个字母，并且每张字母卡写上 1 个或者 3 个、4 个、6 个、8 个字母。这样做的目的是让受试者能对字母串进行组织。若是以组块方式进行记忆，那么他们记忆字母的速度比每次只记一个字母的速度要快许多。②

---

① 参见 Donald F. Dansereau and Lee W. Gregg, "An Information Processing Analysis of Mental Multiplication," *Psychonomic Science*, 6 (1966)：71 - 72。有关记忆参量更详细的讨论见 *Models of Thought*, vol. 1, chapters 2. 2 and 2. 3; and vol. 2, chapter 2. 4; and in Richman, Staszewski and Simon, *op. cit.* 。

② R. S. McLean and L. W. Gregg, "Effects of Induced Chunking on Temporal Aspects of Serial Recitation," *Journal of Experimental Psychology*, 74 (1967)：455 - 459.

麦克莱恩和格雷格还试图弄明白，已经记住的组块是作为长串还是分层块状串存储在记忆中的。因此他们对受试者记忆字串（特别是倒背）时采用的组块方法进行了评估。结果表明：字母是以短的子序列的序列的形式储存的；子序列相当于实验者呈现的信息块；如果让受试者自己组块，他们更偏好使用三四个字母的信息块。（试着回忆这种长度的记忆块对背诵所起的影响。）

视觉记忆

麦克莱恩和格雷格在实验中所使用的材料是符号串，因此我们就二维视觉刺激物的信息存储形式可以提出类似的问题。[①] 记忆和思维在什么意义上代表了刺激物的视觉特征？我并不想以原有形式重启关于"无形象的思想"的争论。但是，这一问题现在要比以前更好解决了。

当我进入这个充满危机的领域时，让我感到欣慰的是在我之前，已经有了那些强烈反对唯心主义的人。例如，斯金纳（B. F. Skinner）的《科学与人类行为》（*Science and Human Behavior*，1952 年，266 页）中有一段话，我引证如下：

---

① 麦克莱恩-格雷格实验中的字母刺激物当然也是二维视觉刺激物。然而，由于它们是熟悉的信息块，可以被立即识别和重新编码，没有理由假设它们的二维特征对实验对象的行为起任何作用。这是"显而易见的"，但前提是我们已经有了刺激物如何被"内部"处理的一般理论。

根据条件反射的模式，人可以看见或听见"不存在的刺激物"：就像晚餐的铃声不仅使我们饥肠辘辘，还使我们仿佛看见了食物。

我并不清楚斯金纳教授的"看见了食物"具体指的是什么，但他的话让我想大胆地谈论一下信息处理理论中的"看见了食物"是指什么。我将用一个简单的实验来说明这个问题。假设我们让受试者记住如图 3-2 所示的视觉刺激物——一个幻方。

4	9	2
3	5	7
8	1	6

图 3-2　一个幻方

然后把刺激物拿开，问受试者一系列相关问题，并同时记录受试者回答问题所耗费的时间。3 右边的数字是什么？1 右边又是什么？5 正下方是什么？3 对角线右上方的数字是什么？这些问题的难度并不相同。我安排这些问题的难度是递增的，并且预计受试者回答最后一个问题比第一个问题需要多花多长时间。

为什么会是这样呢？假设记忆中的存储图片等同于一个刺激物的图片，那么，在回答不同问题时所需要的时间应该不会有太大的差异。因此我们得出结论：大脑存储图像的组织方式与拍摄照片的存储方式完全不同。

比如，若存储的是由"上""中""下"列表组成的表（顶4—9—2，中3—5—7，底8—1—6），那么经验结果就易于理解了。要回答"3右边的数字是什么"，沿着列表继续搜索就可以了。如果要回答"5正下方是什么"，就要对两个列表进行逐项比较，比前一过程更加复杂。

毫无疑问，受试者可以像记住左右关系一样去记住上下关系或者对角关系。EPAM之类的理论会预测，受试者记住左右和上下两种关系的时长是记住左右关系的两倍。但据我所知，虽然这一假说很容易被检验，但是却尚未被检验过。

"视觉"形象的储存的性质在德格鲁特（A. de Groot）关于国际象棋棋局的实验中得到了相关验证。[①] 这与我刚才所举的例子是一致的。他将真实比赛中的棋局放置在受试者面前大约5秒，然后撤走棋局，要求受试者重新还原棋局。擅长下棋的大师几乎可以重新还原棋局（棋盘上的棋子大约有20～24个），

---

① Adriaan D. de Groot, "Perception and Memory versus Thought: Some Old Ideas and Recent Findings," in B. Kleinmuntz (ed.), *Problem Solving* (New York: Wiley: 1966), pp. 19-50. 也可参见 Chase 和 Simon 在 *Models of Thought*, vol. 1, chapters 6.4 and 6.5 中所做的工作。

而生手则一个棋子都摆不正确。中等水平的棋手重新还原棋局的水平在大师和生手之间。令人吃惊的是，如果是随机的棋局，大师重新还原棋局的能力仅略好于生手，生手重新还原这种棋局的能力与之前差不多。

我们能从这个实验中得出以下结论："国际象棋大师有特殊的视觉想象力"这一假设是不正确的——不然他们在还原随机的棋局时成绩是不会下降的，因此我们认为棋局之间的信息是以棋子之间的不同关系储存的，而不是通过对 64 个方格进行"视觉扫描"完成的。若有人认为任何人（哪怕是大师）能在 10 秒内储存 64 个（或 24 个）棋子的信息，则与前面提出的参量（短时记忆容量为 7 块信息块，固结一块信息块需要 5 秒钟）不符。但他很有可能做到（在短时记忆和长期记忆中）储存关于棋子间关系的信息（假设每一关系都是他所熟悉的），以致他能重布出如图 3-3 所示的棋局：

1. 黑方用车保王，侧翼用王象保王马。

2. 白方用车保后，王后在王前。

3. 黑方王 5 位置上的黑兵受到白方王马进攻，白方后 5 的兵受到黑方后马的进攻，白后也攻击对角线上的黑兵。

4. 白方后象从王马 5 的位置进攻黑马。

5. 黑后从后马 3 的位置进攻白王的位置。

6. 黑兵站在后象 4 的位置上。

7. 白方王 3 位置上的兵堵住了对方黑兵的进路。

8. 双方各失一兵一马。

9. 白方王象站在王 2 的位置上。

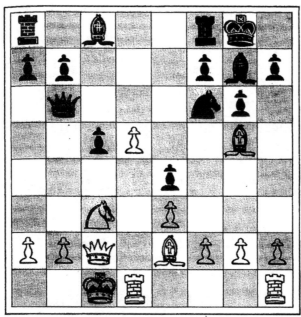

图 3-3 在记忆实验中所使用的棋局

上述没有提及的棋子都位于起始位置。由于上述所列出的关系很复杂，因此我想说明一下将每个位置关系都看作单一"信息块"的原因。我认为多数熟练的棋手都会把这样的位置关系作为一个整体，我是根据它们出现在我脑海中的顺序而写下的。有一项实验记录了棋手在记忆棋盘时的眼动数据，这些数据可以帮助我们分析棋子间的关系以及如何在大脑中存储它们。[①] 我们可以看到，眼动数据很清晰地展现了第 3 条关系和第 5 条关系。

大师只要识别出棋子位置属于哪种标准开局，就能很快地储存棋子位置。这就是一个"格林菲尔德防御"（Gruenfeld Defense）的例子——通过检索出一个熟悉的模板，就能得知十多个棋子的位置。

讨论视觉记忆对本书的意义是：视觉化的许多现象都不依赖于基础神经学，而是根据记忆组织的特征加以解释和预测。这些特征与我们死记硬背所建立的信息处理理论假定的特征基本相同。

我们会这样假设：记忆是一种列表组织结构（其组件也可以是列表），这种结构包括描述性部分（二项关系）和较短列表（三四个元素）部分。采用这种组织形式的记忆更能够解释听觉、视觉、图表信息、言语的和数字的命题信息之间存储有关的现象。

---

① O. K. Tikhomirov and E. D. Poznyanskaya, "An Investigation of Visual Search as a Means of Analysing Heuristics," English translation from *Voprosy psikhologii*, 1966, vol. 12, in *Soviet Psychology*, 2 (Winter 1966 – 1967): 3 – 15. See also *Models of Thought*, vol. 1, chapters 6. 2 and 6. 3.

大　脑

我们刚才讨论的这些实验不仅涉及视觉的长期记忆，同时也涉及大脑（短时记忆：存储和处理心理图形）。我们经常在大脑中使用"看"来代替推理。考虑一下经济学家所常用的供求图，它通过曲线的方式表示在每种价格下将供应给市场的商品供给量，以及通过另一条曲线表示在每种价格下对商品的需求量。当两条曲线相交时，交点就表示供给量和需求量相等，这个点被称为市场均衡点。因此从图中的 X 轴和 Y 轴我们能直接读出均衡量和商品价格（交点的 X 坐标和 Y 坐标）。从图中获取信息并加工的过程都是在人们大脑中进行的。

此外，我们可以写下这两条曲线的方程，然后求解出相同的均衡量和商品价格。我们可以采用视觉过程或代数运算过程这两种完全不同的路径获得相同的知识。在许多科学领域取得相同知识的方法视情况各不相同，人们将言语、数学和图表的推理与其他方法综合起来运用。在马歇尔（Alfred Marshall）著名的《经济学原理》（*Principles of Economics*）教材中，正文内容主要是言语，图表放置在脚注中，相应的代数几何知识放在附录部分，这样安排可以使读者自由选择自己细化的阅读方式。

我们研究从每种表现形式到结论的计算过程是为了理解各

种人类推断模式之间的相互作用。从目前来看，认知研究领域
值得让人关注。[①]

处理自然语言

　　人类思维理论不应该回避语言这个最具特色的认知技能。
语言在我所谈及的认知过程中起什么作用，以及在我的总论
（心理学是人工科学）中又起到什么作用？

　　从历史角度来分析，现代转换语言学理论和认知信息处理
理论诞生于现代数字计算机发展所产生的思想认知：虽然计算
机由硬件组成，但其灵魂却是程序。1956 年 9 月麻省理工学院
的一次会议上提交了最早期关于转换语言学和信息处理心理学
的论文各一篇。[②] 所以这两个理论体系在很早就有了密切的关

---

　　① 　J. Larkin and H. A. Simon, "Why a Diagram is (Sometimes) Worth 10,000
Words," *Cognitive Science*, 11 (1987)：65 - 100；A. M. Leonardo, H. J. M. Tabachneck
and H. A. Simon, "A Computational Model of Diagram Reading and Reasoning,"
Proceedings of the 17th Annual Conference of the Cognitive Science Society (1995)；
Y. Qin and H. A. Simon, "Imagery and Mental Models of Problem Solving," in
J. Glasgow, N. H. Narayanan and B. Chandrasekaran (eds.), *Diagrammatic Reasoning：Computational and Cognitive Perspectives* (Menlo Park, CA：AAAI/The MIT
Press, 1995).

　　② 　N. Chomsky, "Three Models for the Description of Language," and
A. Newell and H. A. Simon, "The Logic Theory Machine," both in *IRE Transactions
on Information Theory*, IT - 2, no. 3 (September 1956).

联，我们也很容易理解这样的关系，因为两者对人类心智的看法都是一致的。

现在有人可能会反对，认为这两种理论对人类心智的观点是互相对立的。因为我一直在强调人类思维是如何通过个人学习和社会学习使自己能够适应任务环境的人工性特点。而形式语言学理论的支持者则采用被称为"本能论"的立场。他们认为如果孩子们没有在出生时已先天具有运用语言技能的基本能力，则无法获得像说话和理解语言这么复杂的技能。

这一问题使人们想起关于语言共性的争论，即是否所有已知语言都有共同特征。众所周知，语言之间的共性是变化的，这与语言所具备的结构特征相关，正如名词和动词之间的区别存在于人类所有语言当中的现象，并且所有语言似乎都会有短语结构，能通过转化过程在另一种语言中衍生出某些语言符号。①

如果我们接受将这些作为本能论观点所呼吁的普遍现象，那么对本能论观点至少还有两种可能的不同解释。一种解释是，语言能力是纯粹的语言能力，语言是自成一体的，而且它所调用的人类能力在其他任务中并不都能使用。

---

① 有关语言共性，参见 Joseph H. Greenberg (ed.), *Universals of Language* (Cambridge: The MIT Press, 1963), 尤其是第 58~90 页 Greenberg 自己写的一章。有关"本能论"的立场，参见 Jerrold J. Katz, *The Philosophy of Language* (New York: Harper and Row, 1966), pp. 240-282.

另一种解释是，理解他人的话语依赖于人的中枢神经系统的某些特征，而且这些对所有语言都是一样的。人类思维除了听、说以外，在其他方面都是不可或缺的。

前一种解释并没有对两种假定（即在现代语言学理论中关于人类能力的假定和在信息处理理论中关于人类思维的假定）的相似之处做出说明，但后一种解释做出了说明。前面我所做的关于人类记忆结构的假定，正是人们对能够处理语言的处理系统所做的种种假设。事实上，这两个领域之间存在很多相互借鉴的情况。两者都假定分层组织的列表结构是记忆组织的基本原则。两者都注重串行运算的处理器如何能将符号串转化成列表结构或将列表结构转化成符号串的问题。在这两个领域中，同一类计算机程序通用语言已证明建立和模拟这些现象是便利的。

语言处理中的语义

我将会提出一种方法使语言学理论和信息处理理论之间的关系比以前更加紧密。语言学理论迄今还停留在句法理论和语法理论。在例如自动翻译的实际任务中，翻译不仅取决于句法线索，还需要根据语境判定，难免会碰到困难。很明显，语言学发展的主要方向之一是发展足够的语义来补充句法。

我所概述的思维理论已经可以提供这种语义成分的重要组

成部分。我所描述的记忆组织原理可以作为讨论语言串、二维视觉刺激物或其他非语言刺激的内部表示的理论基础。有了这些原理作为几种刺激物的组织的可比基础，就较易将语言解释中的句法线索和语义线索概念化处理。

卡内基·梅隆大学好几个研究课题都是围绕这方面进行的。我挑其中两个进行叙述，它们说明了该方法可以用来解释如何利用语义线索解决句法歧义问题。

科尔斯（L. Stephen Coles）在 1967 年完成的一篇博士学位论文中谈到了一个计算机程序，该程序通过阴极射线管上的图像来消除句法歧义。[①] 我将利用一个视觉性比较强的例子来简述科尔斯的研究过程。请看这个句子：

I saw the man on the hill with the telescope.

这个句子至少有三种解释，每种解释所表达的含义不同。三种不同的含义取决于"望远镜"（telescope）在哪：是我拥有望远镜，还是山上的那个男人拥有望远镜？或者望远镜只是在山上，而不是在他手上？

---

① L. Stephen Coles, *Syntax Directed Interpretation of Natural Language*, doctoral dissertation，Carnegie Institute of Technology，1967. 略微删减的版本转载于 H. A. Simon and L. Siklóssy（eds.），*Representation and Meaning*（Englewood Cliffs, N. J.：Prentice – Hall，1972）。

如果图 3-4 在句子旁边，句子就不会有歧义了，这个问题也就可以毫无疑问地得到解决。显然，是句子里的主人公"我"手里拿着望远镜。

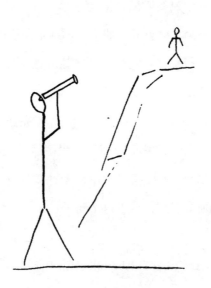

图 3-4　一个有句法歧义的句子：
"I saw the man on the hill with the telescope."

科尔斯的程序能识别图像中物体和物体之间的关系，能将图像表现为列表结构。对于这个例子，我们可以用这样的列表结构来描述：

SAW（（I, WITH（telescope）），（man, ON（hill）））

看见（（我，用（望远镜）），（男人，在（山）上））

我并没有重复他所用的程序的实际细节，只是表明了如此表现出来的一幅图可以很容易地与语言串的不同解析相对照，从而消除语言串的歧义。

西科洛西（Laurent Siklóssy）完成的另一个程序说明了语义信息如何对习得语言有帮助。[①] 读者也许熟悉理查兹（I. A. Richards）及其助手编的"看图说话"的书。这些书有很多语言版本。每一页上有一幅图，图下面是用有待学习的语言写的关于该图的一个或几个句子。图和句子由简到难，如从"我在这里""那是一个男人"再到较复杂的"书在书架上"。

西科洛西的程序以一本类似于"看图说话"的书作为输入内容。假设图已被转化成一个作为内部表示的表结构（与前述科尔斯的系统类似）。程序的任务是当碰到这样一幅图时，用它正在学习的自然语言造一个合适的句子，即一个能够正确叙述图像内容的句子。在刚才望远镜的例子中，那个句子比实际检验该程序时所用的任何句子都要复杂一些，人们希望的程序反应是"I saw the man on the hill with the telescope"（如果在学习英语）；或 *lch habe den Mann auf dem Berg mit dem Fernglas gesehen*（如果在学习德语）。

程序只有在事先掌握了翻译所需要的词汇和句法后才能做出正确的反应。正如一个孩子若想要理解这个句子需要满足相

---

① 也转载于 *Representation and Meaning*。

同的条件。在其他例子中程序会使用与图相关的句子来增加其词汇和句法。①

我不想将一些开创性质的实验扩展成一个完整的语义学理论。这些例子的意义在于，它们表明，由于其他原因而被假设用来解释人类在更简单认知任务中的行为的那种记忆结构，适用于解释语言串如何在内部被表示出来，其他类型的刺激物如何被相似地表示出来，以及表示中的共性（两者都使用分层组织的列表结构）如何解释语言和"意义"在人类大脑中的结合。

人生来就具备习得和使用语言的能力与语言是最人工化的因此也是最人性化的东西，这两个论点并不矛盾。第一个论点主张人体的内部环境制约了人们处理信息的种类。语言结构揭示了这种局限性，同时这种局限性又解释了人类语言之间存在共性的原因。

第二个论点，即语言的人工性，认为内部环境给语言适应性所设的限制是很宽泛的，并不是特定的句法限制。此外，根据这个论点，它们不仅是对语言的限制，而且是对通过外部刺激物获得的内部经验的表现方式的限制。

这种关于语言与思维关系的观点，给"沃夫（Whorfian）

---

① 顺便说一下，西科洛西的系统反驳了瑟尔（Searle）著名的"中文屋悖论"。该悖论意在证明计算机不能理解语言。如西科洛西的程序所示，如果屋子里有窗口可以看到世界（而瑟尔的屋子没有），那么系统会通过对比对句子与场景，将单词、短语和句子与其含义匹配在一起。

假说"（用过分强烈的形式表述就是只有可表达的东西才是可思考的）注入了新的色彩。如果这种观点是有效的，那么"只有可思考的东西才是可表达的"这种说法也是正确的，我想康德（Kant）一定会觉得这个观点很合意。

结　论

我在本章开始时提出了以下论点：

若将人类视为行为系统，问题也会变得简单。我们复杂的行为只不过是对复杂环境的外在表现。

这一假说也基于第 1 章的论点：行为要适应于目标，所以行为是人工化的；因此，这些行为展现出了行为系统限制适应能力的特征。

为了说明如何检验这些论点，如何建立形成人类行为基础的简单原理，我从大量人类行为（尤其是心理实验室所研究的行为）中提取证据并进行阐述。

在人类受试者解决运算问题、掌握概念、短时记忆存放信息、处理视觉刺激信号和完成自然语言任务时，这些论点提供了强有力的支撑。对于人类行为的人工性（也可以称之为易变性），我们都可以在日常生活中看到。因此，这些实验的意义主要在于它们所展示的人类信息处理组织中的广泛共性。

大量证据表明，人类信息处理系统基本上是连续运行的，因为系统同时只能处理几个符号，而且正被处理的符号必须存放在特定的、容量有限的记忆结构中，该记忆结构中的内容也会很快发生变化。受试者采用高效策略的能力受到了最大限制，源于短时记忆结构的储存能力太小（7块信息块），而将一块信息块从短时记忆转移到长期记忆所需时间相对来说较长（8秒）。

近年来，神经网络和神经系统并行连接主义模型的拥护者对人类认知系统基本上是顺序进行的这一主张提出了质疑。我仔细地做出了以下观察。虽然在感受器官（尤其是眼和耳）内也存在大量并行处理程序，但是，在刺激被识别后，在随后的处理阶段中使用的短期记忆容量较小，从而加强了序列性。在运动信号处理时也有一些并行处理程序，但同样，在初始信号超过了短时记忆能力时才开始并行处理。在符号层次（我们所关注的层次）上的串行处理，无论如何，都与下一层次上的符号处理的神经实现的串行或并行程度无关。（而最讽刺的是，并行网络的日常运营是在标准的冯·诺依曼架构计算机上实现的。）

最后，大部分能被大脑识别的并行神经活动很可能是被动的记忆维持，而主动的处理过程基本上是局部的或者是序列进行的。（大脑磁共振成像所提供的证据正与这一观点相符。）人们完成认知任务的速度和同时处理多项任务的极限值，都并不能获得平行处理能力。人们执行认知任务的速度和通常对他们可以同时执行的任务数量的限制，并没有为并行处理能力（或需要）提供太多证据。除非连接主义证明了复杂的思考和解决问题的过程可以用并行连接主义的体系结构来模拟（它还没有做到），就像用串行体系结构一样，并且通过实验观察到的并发认知活动的限制可以用连接主义的模型来表示，感官功能之外的并行性仍然是可疑的。

当我们从运用中枢神经系统的短时记忆能力与序列处理能力的任务转向涉及被储存信息的检索的任务时，适应能力就会受到限制。通过了解这些限制，我们可以重新获得关于大脑的新信息。对视觉感知和需要使用自然语言来处理任务的研究很清晰地表明，记忆确实是以联想方式组织进行的，不过这种"联想"的性质与计算机行业通常称为"列表结构"的东西相似。我对这些性质已经进行了简要的说明，下一章将会进行更加详细的讨论。

这些都是从实验证据中得出的对人类思维的概括。它们很简单，就像我们假设的那样。再者，我们对问题的理解会越来越全面清晰，我想之后也不会变得更复杂。只有那些自满的人会认为我们的道路表面错综复杂的原因与蚂蚁走出错综复杂的道路的原因完全不同。

我的这些方法的一个奇怪的结果是整个研究过程都不涉及生理问题。通常我们认为思维是存在于大脑之中的。我讨论了心智组织，却没提到大脑结构。

我刚才所讨论的正能解释为什么我没有考虑大脑结构。计算机硬件与大脑"硬件"之间的差异没有阻碍计算机模拟人类的各种思维过程，这是因为计算机和大脑都采用自适应系统进行思考，它们试图改变自己来符合任务环境的形状。

即使讨论神经科学，对我们解释人类行为也毫无帮助。这也是挺可笑的。但是我们对人工行为的分析使我们对行为的生理学解释必须采取的形式有了一个特殊的观点。神经生理学是对被称为智人的自适应系统的内部环境的研究。我们必须从生理学角度来解释适应性的局限性：为什么短时记忆被限制为7块信息块？对应于"块"的生理结构是什么？在一个信息块被固定的8秒钟内发生了什么？联想结构是如何在大脑中实现的？

伴随着我们知识的增加，生理学解释和信息处理解释之间的关系将变得就像生物学中的量子力学和生理学解释之间的关系一样（或者是像固态物理学和计算机科学中的编程解释之间的关系）。它们构成了两个相互联系的解释层次，（在我们面前的例子中）内部系统的极限性质就在它们之间的界面上表现出来。

　　最后，我们也可以预估，当我们把信息处理心理学和生理学联系在一起时，我们也可以把心理学和在任务环境的外部通过大型组合空间进行搜索的一般理论联系在一起。但这是我第5章的主题，因为设计理论就是搜索的一般理论。在我们开始讨论这个话题之前，我们必须更多地谈谈设计师使用的大量信息是如何存储在人类大脑中并被访问的。

4

记忆与学习：作为思维环境的记忆

第 3 章中提到人类思维过程很简单，这可以通过具体的例子进行阐述。*DONALD*＋*GERALD*＝*ROBERT* 这样的任务对于聪明的人来讲也十分困难，不过要解决这个问题，大脑里并不需要储存很多信息。解题人必须会识数，会加减法，也许还需要懂得一些等价概念。我们将这个任务与在匹兹堡或在东湾驾驶出租车的任务相比较。出租车司机只有在记忆了大量街道名称、街道位置和十字路口的信息的情况下才能够完成任务。（我的匹兹堡地图的街道索引大约收录了 8 500 条信息。）有了这些信息，选择一条路线并不需要一个很复杂的策略。①

人类思维过程很简单这一假设是从 20 世纪 50 年代和 60 年代的信息处理研究中产生的。这种研究大多采用了比较困难的任务（类似于上一章讨论的运算问题和获得概念的问题），完成这种任务可以不依赖记忆力和之前的技能。还有一些例如传教士与野人问题、河内塔问题和逻辑推理问题的例子，这些问题在心理实验中得到了广泛的研究并且支持了上一章所描绘的人类思维图景。

按理说，从相对内容较少的任务来研究人类思维过程是有

---

① 我相信这一说法是正确的，但不太明显。读者练习题：要求编写一个计算机程序，它在有了一张地区交通图、已知哪些街道是主干街道的情况下，能选择一条将乘客从一处送到另一处的合理的运输路线。

道理可言的，但无后续发展就不太合理了。因此几十年来越来越多认知心理学和人工智能两个领域的研究都转向语义丰富的领域。在这些领域，需要从记忆中检索大量的专业知识才能较为熟练地完成任务，我们可以说在这个过程中人类思维仍然很简单吗？

在探讨这一问题时，我们将重点关注专业人员每天工作中遇到的任务和准备开始职业生涯的大学生们所遇到的任务的完成情况。在实验室被广泛研究的专业层面的领域中（其中一些参数是已知的），这包括下棋、医学诊断、解决大学物理问题以及在经验数据中发现规律。我将使用这些问题和其他一些问题作为本书的一些例子。

除了下棋之外，长期记忆在完成第 3 章研究的任务时发挥的作用也很小。我们认为简单只是觉得过程简单（只需假设一些操作过程的基本符号就可以对行为进行解释）和思维结构简单（连续性以及有限的短时记忆）。有几个参量，特别是短时记忆的组块能力和向长期记忆储存新块所需的时间，在确定系统能力的限度方面起着主导作用。

当我们转向语义丰富的领域，简单性与复杂性就产生了新的问题。长期记忆内容的丰富性就意味着结构很复杂吗？还是只要对第 3 章简述的列表结构进行简单的组织就可以实现丰富性？利用这些大内存存储的程序需要更高层次的复杂性吗？还是与解决谜题任务（如第 3 章中的任务）中的问题的过程相同？需要在长期记忆中存储新数据和进程的学习程序引入了新的复杂性吗？我们可以看到，对人类行为的研究和用计算机模拟所产生的信息都是支持简单性假说的。较大的记忆库不一定有较大的复杂性。

语义丰富的领域

人工系统的内外环境边界的划分并没有明确的标准。我们在第 2 章讨论经济行为时，可以把公司的费用函数作为内部环境中的一部分。但我们的决策是与生产技术分开的，仅仅将计算机能力的限度作为适应性的内部限制。公司把费用函数和需求函数当作不断适应外部环境的一部分。

我们可以采用类似的观点对待一个解决问题的人，其基本观点是解决问题的工具是上一章所描述的小的信息处理系统。这个信息处理系统所作用的外部环境可分为两大部分：一个是通过视觉、听觉、触觉所感知和通过腿、手、舌发生作用的"真实世界"；一个是在长期记忆中储存的可通过识别或联想进行检索的关于这个世界的大量信息（不论正确与否）。当信息处理系统解决困难问题时，记忆力并不起很大作用。是问题的结构而不是记忆的组织控制着整个解题方向。当信息处理系统解决语义丰富的领域的问题时，大部分的问题解决搜索发生在长期记忆中，并由在该记忆中发现的信息引导。因此，要解释这些领域的解决问题的过程，就必须采用一定的有关记忆的理论知识。

长期记忆

在上一章中我们已经阐述了有关长期记忆的一些性质。实际上，长期记忆的容量是没有限制的——虽然人在老年时有很多新东西记不住，但似乎从来没人能使记忆达到被填满的地步。如果一个专家已存储的信息块与新信息块产生联系，则存储到长期记忆只需要2秒，而一般情况下长期记忆存储新信息块需要8秒①，而检索曾经存储好的信息所需要的时间更短（零点几秒至2秒）。记忆通常被认为是"连接式的"，因为当检索一个记忆时，通常也会联想起另外一个记忆。信息被储存在相互连接的列表结构中。

根据我们对长期记忆的认识，我们还可以再多讲一点。我们可以将记忆看作一本大型百科全书或一个图书馆，信息按主题（信息节点）储存，大多采取相互参照方式（联想式联系）

_____

① 请在第3章中查阅关于检索结构的讨论。

进行连接，并且记忆具有很强大的检索能力（识别能力），可以让我们直接获取有关条目。长期记忆的作用像一个第二环境（与通过眼耳所感觉的环境相并列），问题解决者通过它来搜索并对其内容做出响应。

医学诊断是一个语义丰富的领域，在该领域的研究已经很广泛了。研究的目的不仅是为了了解医生的诊断过程，也是为了计算机诊断系统的构建。当我们查看医学教科书和参考书的厚度时就能明白，准确的诊断建立在大量信息的基础之上。当人们对医生的诊断策略进行研究的时候就会发现，医生在思考和表达的初步诊断中有两个比较重要的过程：直接识别过程（症状的出现几乎立即导致了对可能是病因的疾病的假设）与搜索过程（和第3章所描述的较为简单的解决问题的任务过程相类似）。[①] 诊断过程通常是先观察症状，然后假设病源，最后消除疑问和排查其他造成疾病的可能性，以及发现新的症状等。因此，搜索是在两个环境即医生所具有的医学知识和患者的病症之间交替进行的。从患者身上搜集信息，用来指导另一个环境中的下一步搜索。

---

① Arthur Elstein et al., *Medical Problem Solving* (Cambridge, Mass.: Harvard University Press, 1978). 现在市场上有一种完全自动化的内科学诊断系统，也可以说是医生的好帮手，它主要基于这种诊断过程模式，在临床试验中表现非常好。

直 觉

人们突然产生的"直觉"又该如何解释呢？一些经验丰富的人可以通过直觉很快找到答案，而新手则需要花费很长的时间才能找到答案。（我将"直觉"放在引号里，是想强调它是一个过程的标签，而并不是想对其进行解释。）直觉是真实存在的现象，解释起来也非常简单：大多数直觉行为都属于认知行为。我还是用下棋的例子来进行说明。

在第 3 章中，我叙述了关于国际象棋大师在查看棋局后能在5～10 秒内复盘棋局的非凡能力。这种能力和已知的短时记忆限度并不冲突，因为对国际象棋大师来说，每一个棋局都是由五六个组块而不是单个的 25 个棋子组成。每一块都是熟悉的结构，也许这一块的结构是由十几个棋子所组成的模板或者是由 2～5个相互关联的棋子组成的小块。由于我们可以根据人们常用的下棋走法来预估棋局大致有多少种类，因此我们或许还能估算出国际象棋大师记忆中需要储存多少信息块才能让他们重布棋局。我们使用几种不同的估计方法得知这个数量的总值大约为 50 000。我们不必太在意这一数值，但是有意思的是，这一数值与有大学教育程度的人的母语词汇量一致。[1]

---

[1]　Simon, *Models of Thought*, vol. 1, chapters 6.2 and 6.3.

因此我们可以认为，国际象棋大师的技巧之一就是记忆存储 50 000 个信息块，所以当他们看到棋局上的状况时可以快速在大脑中检索相关的信息块，并在长期记忆中获取与之有联系的信息块。与棋局有关的信息也包括当遇到这种棋局时我们应该如何去做的知识。因此，一个有经验的下棋者在认出被称为开放线的棋局时，就会立刻想到向该线运车的做法。也许这一步并不是最佳走法，但肯定是值得我们考虑的走法。所以，下棋高手不仅能够认清局中自身形势，也能采取相应的措施。

能够对 50 000 个不同信息块进行区分的系统，其检索速度还是很快的。即便每次检索有可能不是二分法测试，但大约只需要 16 次测试就可以完成识别任务。（"20 个问题"的游戏就是根据 20 个二分法测试在 100 万个信息块中进行区分的。）如果每个测试需要 10 毫秒，整个过程可以在不到 200 毫秒内完成，完全在人类识别能力的时间限制内。

在下快棋（10 秒一步）或同时与 50 个人对弈（在这个棋盘上下一步，马上就要考虑另外一个棋盘）时，大师主要是凭借直觉在下，也就是要识别棋盘及棋盘所呈现的局势。在这种情况下，大师不如在锦标赛表现得好。因为在锦标赛中，每下一步平均约有 3 分钟的考虑时间，所以每一步棋都下得更稳。一个人的棋艺也许会从特级大师降到大师级，或从大师级降到高手级，但绝不会消失。因此，识别能力和与可识别棋局相关的信息，对于棋艺有着至关重要的作用。[1]

需要储存多少信息呢？

国际象棋大师的信息存储量和其他领域中专业人士的信息存储量大致相同，只是这些数量只有最粗略的测量。简单来看，棋艺、医学、数学、化学这些如此不同的学科对记忆容量的要求相当。但是，记忆容量差不多这一点对解释某特定领域的性质并没有多大的帮助。没有人能够掌握有关棋艺、医学、化学或任何其他专业领域的全部知识。在此，无论在哪一个行业，人才是衡量技术的标准。如果一个人的专业知识与专业人士所具备的知识相同，则说明他的知识是够用的。限制我们获取专业知识的是我们为了获取和保存信息所花费的时间，我们投入的时间越多，我们获取的知识就越多。

按照目前将新信息储存到长期记忆的速率，在 10 年内（比

---

[1] 相关有力的证据可查看 F. Cobet and H. A. Simon, "The Roles of Recognition Processes and Look-Ahead Search in Time-Constrained Expert Problem Solving: Evidence from Grandmaster Level Chess," *Psychological Science*, 7 (1) (January 1996): 52-55。我的同事汉斯·伯利纳（Hans Berliner）开发了一个强大的双陆棋程序，它在一场比赛中击败了人类世界冠军棋手，它使用模式识别能力而不是搜索过程作为其技能的基础。参见 "Computer Backgammon," *Scientific American*, 242 (6) (June 1980): 64-85。相形之下，现有的计算机国际象棋程序缺乏相应的识别能力，多数要进行大量的搜索工作。关于计算机国际象棋的现状，可参阅 H. A. Simon and J. Schaeffer, "The Game of Chess," in R. J. Aumann and S. Hart (eds.), *Handbook of Game Theory*, vol. 1 (Netherlands: Elsevier, 1992)。

如专业训练 10 年）掌握 50 000 个信息块这么大的知识量也是可以实现的。当然，与大师（或其他专业人员）所知道的东西相比，50 000 个信息块也不算多。即使我们将这一数值提高 1～2 倍，这些信息也能在 10 年内被掌握。如果在长期记忆中储存一个新的信息块一共需要 30 秒（8 秒初步认识，22 秒巩固记忆），那么经过 10 年的强化学习，每年学习 1 500 个小时（大约一天 4 小时），可以产生 180 万个信息块的记忆存储量。不过，就算专业人士没日没夜地工作并且不浪费时间，也最多只能掌握 180 万个信息块。因为这部分时间大部分是花在巩固已有的知识上，而不是学习知识上。

在研究这一问题的几个领域中，我们得知即使最有天赋的人，要达到一流的专业水平，也需要 10 年的时间。除了从开始下棋到达到大师水平只用了 9 年零几个月的博比·费希尔（Bobby Fisher）和尤迪特·波尔加尔（Judit Polgár），还没有人在 10 年内达到这一水平。即使是莫扎特，他在开始创作的第 7～10 年间所创作的音乐都还算不上大师作品，只是被称为"少年莫扎特"音乐。除了他以外，还没有一个作曲家在认真研究和练习 10 年的情况下能达到像他那样的水平。①

如果你在一个领域中耕耘 10 年还不能达到非常专业的程

---

① 关于创作的资料是由我的同事约翰·R. 海斯（John R. Hayes）整理的。从他收集的数据来看，类似的结论亦可应用于绘画。

度，你就会经历几个自适应性发展阶段。专业化程度要求会越来越高（如在医学领域），从业人员在其工作中将更多地借助书籍和其他外部参考手段。

以建筑学为例，专业人员所需的大部分信息都储存在参考书中，如可用的建筑材料、设备和部件的目录及官方建筑规范。没有建筑师想记住所有的这些信息或在设计时不借助这些参考信息。事实上，建筑学几乎可以作为语义丰富的任务领域中设计过程的典型代表。新兴设计都处在一系列的外部记忆结构之中：草图、平面图、公用系统图等。在设计过程的每一阶段，文件中所呈现的部分设计就能让设计师知道下一步该做些什么。有了新的目标，人们又需要从记忆和参考源搜索新的信息，朝完成设计再进一步。[①] 下一章我将进一步讨论关于这一设计活动的内容及其对风格的影响。

人类的知识增加了，也得到了不断的发展，但这并不意味着专业人士所掌握的知识就增加了。相反，科学上一些最有意义的进步，是对有力新理论的发现与检验，这样能够让更多事实有理论知识的支撑。关于是让理论更加精细化还是简洁化一直存在分歧。因此，我不敢说如今的化学家一定比半个世纪前的化学家知道得更多。但化学家所知道的东西一定相当于一个

---

① Ömer Akin, *Psychology of Architectural Design* (London：Pion Limited，1986).

勤奋的人在大约 10 年的研究中所能学到的东西，这种说法更为稳妥。

过程存储

我们已经讨论了有关记忆的问题，记忆就像是由一大堆数据组成的。但是专家们具备的不仅是知识，还有专业技能。他们不仅获得了辨识具体情形、获得有关信息的能力，也获得了处理这些情形（如果遇到了）的专业技能。所以医生不仅会诊断病情，还会开药方和动手术。

知识与技能并没有明显的界限。例如，当我们用机器语言之外的任何语言编写计算机程序时，我们实际上写下的不是程序而是数据结构。然后，这些数据结构被解释或编译成程序，成为计算机能够理解与执行的语言指令。尽管如此，对于大多数目的来说，我们可以简单地忽略翻译步骤，并将高级语言中的计算机程序视为表示过程。

我们可以把医学诊断系统（人或计算机）看作具有大量医学知识和依此进行推断的几条通用程序。或者，我们也可以认为，知识被构建在程序中，可以指导专家如何继续诊断。例如：如果病人发高烧，那么检查一下病人是否有附加症状。

同样，学生的几何知识也可以被储存为定理：如果两个三角形的对应三边相等，那么它们是全等的。检验两个三角形的对应边是否对应相等；如果都相等，就可以储存结论：这两个三角形全等。

无论专业知识是以数据形式储存还是以程序方式储存，或是组合起来储存，我们之前所说的有关复杂性的结论仍然适用。

专业知识和技能仍然可以被看作是长期记忆的外部环境，由控制和引导解决问题的搜索的一般过程所利用，如我们已经在第 3 章中讨论的在更简单的任务环境中确定的手段-目的分析和识别过程。

理解与表现

在解决问题前我们必须先理解问题。下面就是一个比较难的任务，很多人会觉得很难。

茶　道

在喜马拉雅山区的客栈里流行着一种非常典雅的饮茶仪式。仪式中包括一位主人、两位客人。当客人到达并入座后，主人为他们恭行五种礼仪。这五种礼仪按照喜马拉雅山区当地人所赋予的高贵顺序（递增）排列如下：

通火；煽风；分米糕；沏茶；朗诵诗歌。

在仪式上，在场的人都可以询问另一人："尊敬的先生，我能为您完成这一繁重的任务吗？"不过，在请别人帮忙的时候，只能要求别人帮忙完成一些较普通的事情。而且，若一个人打算做某件事，那么他请求为别人做的事不能比他已经开始做的高贵程度最小的事更高贵。按照习俗，在茶道结束的时候，所有任务都从主人传递给了地位最高的一位客人。这是如何做到的呢？

在用通用问题求解（GPS）程序（见第 5 章）解决茶道问题之前，GPS 必须从文字描述中理解问题，通过自己能够处理的结构成分来获取信息。这些结构成分包括符号结构、对结构差异的测试、能够改变结构的算子、符号化目标及对其是否实现的测试。当问题用这样的结构成分来表现时，GPS 才能理解，这样它检测差异、寻找相关算子、应用算子和评估解决方案进展的过程才能付诸行动。

现在的茶道问题与喜马拉雅山区的客栈没有关系，其背后是一个关于两类客体（参与者和任务）、客体之间的关系（每个任务都被分配给一个参与者）、任务的排序（根据高贵程度）和算子（将任务从一个参与者转移到另一个参与者）的抽象问题。要了解这个问题，就需要从自然语言中提取这些内容。

"理解"程序

一个被称为"UNDERSTAND"的计算机程序模拟了人们用来生成（理解）一个问题（如茶道问题）的内部表示的过程。[①] 该程序分两阶段进行工作：先对问题指令的句子进行语法分析，然后根据经过语法分析的句子摘取出的信息对具体情况进行呈现。

对自然语言的分析任务已在上一章讨论过，它涉及从线性单词串推断短语和从句的隐含层次结构。UNDERSTAND程序完成这一任务的方法非常传统（类似于已有的其他语法分析程序）。第二阶段是对语言进行重组，这一阶段更有意思。这里，我们对语法层面进行考察，来看看有哪些宾语，这些宾语又有哪些性质，这些性质间的关系是什么，那些谓词与关系词描述了什么状态，哪些描述了步骤，以及目标状态是什么。然后UNDERSTAND程序继续构建一种呈现状态的形式，并通过转换状态来采取合理行动。

例如，在茶道问题中，可以用包含三名参与者的列表表现出一个特定状态，一个参与者所完成的所有任务就可以代表其本身。另一张列表可以说明五项任务的优先顺序。合理的移动

---

① 我的《思维的模型》（*Models of Thought*）一书第7.1～7.3节描述了UN-DERSTAND程序，并讨论了其行为。该程序和对应章节由海斯和我联合编写。

程序将在检查某任务是否比供给者或接受者列表中的其他任务更高贵之后，从特定参与者（供给者）的列表中删除这个任务，并将其添加到另一个参与者（接受者）的列表中。

正如上一章所论证的，由于列表结构具有相当普遍地表现各种符号信息的能力，因此从理论上讲，UNDERSTAND 程序能够构造任何一种不需要现实知识就能理解难题的表述，因为任何问题都可以用客体、客体之间的关系和变化来描述。[①]

理解物理学

与理解茶道问题相比，理解语义领域的问题需要具备该领域的基本知识。现在我们就考察一个简单的静力学问题：

> 一个梯子的底部靠在竖直的墙上，又与水平地面接触。梯子顶部由墙中水平引出的一根 30 英尺长的绳子拉着。梯子长 50 英尺，重 100 磅，重心距梯脚 20 英尺，一名 150 磅的人站在距梯子顶部 10 英尺的位置。
>
> 求绳子受到的张力。

为了解决这个问题，我们必须知道什么是摩擦系数，还需

---

① 当然，实际实现的 UNDERSTAND 程序不过是引擎的一种原型，而这个引擎是完成这一任务所需要的。

要知道可以把梯子看作有支点的杠杆，有一些力作用在这个杠杆上，同时我们把人看成一个物体或一个支点。这个问题和茶道问题的区别在于，茶道问题没有现实世界的参考，只是参考了已知信息。

诺瓦克（Gordon Novak）写了一个有趣的程序并将其命名为ISAAC，它能理解以上物理学（静力学）问题。[①] ISAAC之所以能做到这一点，是因为它在内存中以简单模式的形式存储了关于杠杆、质量、斜面等的信息，这些模式描述了这些类型的客体，并指示了与它们相关的信息类型。例如，梯子的描述模式如下：

梯子

类型：梯子

位置：（梯脚，梯子顶部，以及提到的其他支点）

支撑物：

长度：

重量：

附加物：（其他客体）

---

① G. S. Novak, "Representation of Knowledge in a Program for Solving Physics Problems," Proceedings of the Fifth International Joint Conference on Artificial Intelligence, 1977, pp. 286 - 291.

ISAAC 在解决问题时，像 UNDERSTAND 程序一样，先对问题进行语法分析。但是对于 ISAAC 来说，除了确定宾语和关系词并合适地表现外，还会涉及其他东西。特定类型的对象，其含义已知（即在 ISAAC 的内存中提供了模式），必须用它们的模式被识别和标识，模式中的"槽"必须用必要的信息填充。一个梯子必须被识别为一个杠杆，并且必须构造一个杠杆模式的副本，说明梯子的长度、重量、重心、支点位置和它所受的力等。

在确认了适当的客体模式并积累其相关信息后，ISAAC 就能将各个模式（分别描述梯子、人、梯子的接触面）组成复合问题模式。以这个复合问题模式作为指导，建立求解等式，这些等式恰好可以被用来描述力的平衡。

ISAAC 是用于理解语义丰富的问题的最具有代表性的系统，物理知识以两种方式存储在程序中：（1）在组件模式中，组件模式指导生成问题状态表示的过程（问题模式）；（2）在生成平衡方程的过程中（静力学定律对应于在像 UNDERSTAND 程序这样的程序中创建算子的过程）。

对这两个有理解力的程序进行比较我们可以发现，UN-DERSTAND 程序必须虚构出问题表象，接受问题指令中的信息引导。而 ISAAC 则必须注意问题陈述中提及的事物与内存中存储的模式与物理定律是否相符。更加复杂精细的理解系统需要结合这两种能力。该系统的一个组件（相当于 UNDER-STAND 程序）在遇到新的问题时会产生把问题作为一系列模式存储下来的状态。另一组件（相当于 ISAAC 程序）应用已存储的一系列模式来解释所遇到的新问题。

无论现有的理解程序多么原始，它们确实提供了一套基本机制来解释人们所遇到的一些问题（不论是我们了解或是不了解的问题）。我所具体描述的两个系统是很多任务集合中理解程序的成员，这些程序有些是用来解决一些相对不明确的任务的。比如，现在有些研究想开发出一些程序能够理解儿童故事或新闻故事。与我们刚刚讨论的解决问题的任务不同，这个任务很容易测试系统是否已经理解了问题（例如它是否已经构建了一个问题解决者可以用来找到一个答案的表示）。检测系统是否真的理解问题非常容易。在这种检测任务中，理解可以达到不同水平、不同深度。

具有理解力的程序为我们第 3 章讨论的视觉图像问题提供了新的解决思路。UNDERSTAND 程序与 ISAAC 程序的组成图示与问题图示是作为"心象"提出的符号结构的极好例子。事实上，诺瓦克已经编写了一个辅助程序（作为 ISAAC 的子部分），该程序根据自己的问题图示构筑了一个实际的问题情景（如果太简单），还可以呈现在阴极射线管屏幕显示器上。

规模与简单性

问题理解程序从外部世界获取信息（在本书中是以自然语言文本的形式）并将其转换为知识，以列表结构和程序的形式储存在长期记忆当中。如果记忆获得了一张模糊残缺的外界照片，问题解决程序会在内部世界运行而不是外部。当获得外部信息成本高昂的时候，内部世界工作的价值就得以显现。

在我们的知识不断增加的过程中，记忆存储量也在增加且没有上限。然而，不管记忆存储量能有多大，其基本组件仍是相同的，仍会根据相同的原则来处理信息。我们或许会认为，随着系统大小的增加，系统会变得更复杂，或者会觉得其复杂性并没有变化，因为其基本结构并没有改变。

如果我们讨论的是美国国会图书馆，我们也可以这么说，藏书量从几千册、几百万册增加到几千万册，放书的书架数量和目录卡片也相应增加。但是，从图书馆的建筑结构来看，不论如何惊人的增长都不会改变图书馆的结构，所以其复杂性是没有变化的。正如我在第 8 章将要讨论的，从单细胞生物向多细胞生物的转变代表复杂程度的上升；公牛体重的增加或藻类菌落群体的扩大则并不能反映复杂性的增加。

人类的大脑能装很多领域的知识，甚至精通几个领域。因为这些领域是截然不同的，因此它们不会增加其中任何一个领域运作的复杂性。就像我们不会因为图书馆里有拉丁语、梵语和古汉语的书籍，就增加或减少我们学习希腊语的难度。

人类记忆应该被视为一种人类思想过程的延伸，而不是增加思想过程的复杂性。整个结构最突出的是，记忆系统能够在各种不同领域中工作，不论是解决茶道问题还是物理学中简单的静力学问题，所使用的基本方法都是一样的。

学 习

思想的外部环境，无论是现实世界还是长时记忆，都在不断变化。这种变化对于我们的记忆来说属于适应性行为。关于真实世界的知识不断更新，同时也会增加新的知识。这种变化能够提高我们解决问题的能力，改善我们现行运行的程序。因此，关于人类思维的科学理论必须考虑记忆的变化过程。

如果人类的认知系统真的非常简单，那么只有发现在变化过程中那些不变的东西，我们才能获得其简单性原理。这些不变量包括记忆基本参量（内部环境的参量）和第3章描述的一般搜索和控制过程。除此之外，我们还可以找到一套基本程序，以实现长期记忆的适应性，即学习。我们可以假设这些学习过程是不变的，可以用简单而不变的方式解释变化过程。

系统中的任何变化都会对适应环境的能力产生永久性的改变，这种改变就是学习。理解力系统，特别是能理解新任务领域问题的系统，可称为学习系统。第 3 章介绍的模拟人类语言背诵学习的 EPAM 系统和第一语言学习的西科洛西系统也是学习系统。

任何多组件的系统都能通过大量方式进行改进，而且并不是只有人类认知系统中的变化才能被称为学习。我们不必因为学习形式的多变性而感到困惑，因为其实简化一下这些学习形式，它们只是属于特定的几个类别，可以相对应于认知系统中的几个主要组件。

从某一方面来看，我们可以区分获取信息（已被储存的数据结构）和获取技能（已被储存的程序）两种过程。UNDERSTAND 程序对二者都进行了说明。UNDERSTAND 程序的状态描述构建了新的知识、执行者和技能。在这些类别中我们还添加了新的感知辨别学习，如 EPAM 所示的那样。运动技能虽然部分基于各种已学习的运动类型，但可能还有额外的类别。

根据目前的研究发展水平，要想对各种学习过程做详尽的分类还为时过早，而要解释人体所进行的各种学习就需要这种分类。我们有理由相信，人类的大部分学习都可以理解为在我们所描述的符号处理系统的框架内。

理解式学习

老师们都知道，机械记忆与理解式学习之间有天壤之别。机械记忆学会的东西几乎可以照搬出来，但是不能作为认知工具。实验表明，对材料的理解式学习比机械记忆使人更容易掌握材料，记得更加牢固，并能较好地运用在新的任务当中。[①]

虽然理解式学习和机械记忆的区别有很重要的实际意义，但是人们还没有从信息处理方面彻底明白这些区别。有一部分属于检索问题：有意义的材料以某种索引方式标记，需要使用时可以随时访问。另外一部分属于内容冗余的问题：有意义的材料过多地、繁杂地被储存起来，因此，如果材料中的任一部分被遗忘，可以根据剩下的部分重建出完整的材料。还有就是呈现问题：有意义的材料是以程序而不是以"被动的"数据的形式储存，或是以数据形式储存，这样问题解决程序就可以很快地利用这些材料。所有这些都是理解和意义层面上的，这些都还需要进行进一步探讨。

生产系统

如果一个信息处理系统由数据结构和程序组成，在现存系

---

① George Katona, *Organizing and Memorizing* (New York：Hafner Publishing Co., 1967)，chapter 4.

统中添加新的图示或者其他数据结构就很容易了，而不用添加新的程序。在人工智能研究的早期，人工智能和模拟程序都是按层级方式组织的，会有很多子程序。修改一个程序通常都需要对其子程序进行修改，这通常不太容易完成。

在过去的几十年中，一种新型程序结构开始流行起来：生产系统。[①] 生产系统的优点对于建立学习能力的系统而言就是结构简单统一。一个生产系统是任意多个生产过程的集合。每一个生产过程由两部分组成，包含一组测试和检验生产条件，而另一组则是执行。只要符合生产条件就能被执行，从这个意义上说，生产过程就是相对独立的。生产过程通常用以下符号表示：

条件→执行

这让人联想到心理学中的 $S \to R$（刺激→反应）过程。虽然生产过程比刺激→反应过程要复杂得多，但我们有时候可以将刺激→反应过程比作生产过程。

两种生产过程可以模拟人的认知系统：一种是短时记忆内容的测试，另一种是外部世界的感知测试。内容生产过程是这样："如果你的目标是进屋，那就开门。"这里，条件在现实世界受到了测试（确定门锁了没有）。进屋的目标是由短时记忆中的一个符号结构表示的，短时记忆中是否存在这个符号结构就

---

① Newell and Simon, *Human Problem Solving*.

是对短时记忆的测试。一个感知生产的例子可能是："如果门锁了，就用你的钥匙。"这里的条件在现实世界受到测试（通过判断门是否锁了）。

一个系统的行为受到感知的支配，这种情况有时被称为刺激驱动或数据驱动，行为受短时记忆中的目标符号支配的叫作目标驱动系统。以目标驱动为主的问题解决者会以目标为导向，再根据目标所需进行行动，属于反向操作。而以刺激驱动为主的问题解决者则似乎是依靠自己所知的期望目标前进。也就是说，目标导向系统通常采用两种生产条件，一种是认知条件，一种是目标条件。

现在很多认知模拟已经被建模为生产系统。人们特别喜欢用生产系统进行模拟是因为赋予这种系统学习能力操作起来很容易（赋予学习能力也就是建立适应性生产系统）。生产系统只不过是生产过程的集合，取消某些生产过程或者加入新的生产过程就算是对系统进行修改。这种改变并不一定让系统更适应环境，但这种改变是如何进行的已毫无疑问。

示例学习

在科学和数学教科书解释新方法的章节中，人们总能找到一些按步骤详细解题的例子。例如，在初一的代数课本中，我们可能会发现：

$9x+17=6x+23$

$3x+17=23$ （两边同时减去 $6x$）

$3x=6$ （两边同时减去 17）

$x=2$ （两边同时除以 3）

每一步都要给出修改代数方程的理由。当找到一个表达式时，这个过程就会结束：

〈变量〉＝〈实数〉

类似方程均可用下面的生产系统来求解：

如果表达式是〈变量〉＝〈实数〉的形式→结束。

如果等号右侧有变量项→从两边减去变量项，并简化。

如果等号左侧有数字项→从两边减去数字项，并简化。

如果变量项的系数不等于1→两边除以该系数。

如果一个聪明的学生遇到这种问题，但是之前从来没有学习解决这一问题的方法，他可以按照如下方法进行学习。检验例子中的前两个步骤，你可以发现从第一个步骤到第二个步骤是如何进行的。对方程进行比较，注意 $6x$ 从右侧消失了，左侧 x 的系数也发生了变化。试一下这个方法，他发现恰好能产生这一结果。此外，去掉"$6x$"的表达式在形式上更接近于最终的表达式。最初的表达式已经作为行动条件删除，但是我们可以利用其特征学习新的生产过程。这一生产过程是我们的生产系统中的第二步。同理，通过比较第二个方程与第三个方程，他可以推导并掌握第三种生产过程；通过比较第三个方程与第四个等式，他又可以推导并掌握第四种生产过程；现在第一个生产过程他已经学会了，也就说明他已经知道代数方程的"解"是指什么了。

我在讲述时其实省去了一些重要的细节，比如，该学生如何选择生产过程的难易程度。（为什么第二种生产过程的条件句与行动句中说"变量项"而不说 $6x$？）这一例子虽然简单，但给我们传达了一个普适的信息，让我们知道适应性生产系统是如何获得新技能的。这一具体图示已经由戴维·尼夫斯（David Neves）设计、编程出来了。[①]

约翰·安德森（John Anderson）和他的同事们开发了一套高校的计算机辅导系统，该系统可以用于几何、代数和编程（LISP）。它主要采用了"示例学习"（learning-from-examples）的学习模式，并成功地在高中课堂中进行了测试。在中国，中国科学院心理研究所已经为初中三年的代数和几何课程研发出了学习材料，它不是采用授课或者课本讲解的方式，而是采用从示例的实际运用中学习的方式。这些材料已经被成功地运用在中国的几百所学校当中。这两个案例都是通过对任务的分析

---

① D. M. Neves, "A Computer Program that Learns Algebraic Procedures by Examining Examples and Working Problems in a Textbook," *Proceedings of the Second National Conference of the Canadian Society for Computational Studies of Intelligence* (1978), pp. 191-195.

确定学生需要掌握哪些生产过程才能取得较好的成绩，然后确定哪些例子能够导致这些学生主动学习生产过程。中美两国的这两个广泛的项目为尼夫斯等人在计算机模拟基础上假设的过程与人类学习的相关性提供了有力的证据。[①]

我们不仅可以通过示例来学习，还可以延伸到通过"行动"来学习。假设一个问题解决系统在解决某一具体问题时效率不高，需要经过大量的搜索工作，去掉多余无用的信息后，才能找到最终的解决路径。这一方法也可以应用到以上例子中。安扎尔（Anzai）和西蒙（Simon）曾为河内塔难题（Tower of Hanoi puzzle）构建了一个"边学边做"（learning by doing）图示，它在连续几次成功地解决该难题后，逐渐找出了一种最有效的通用策略。[②]

发现过程

学习世界上已经存在的知识和学习新生的知识，这两者之

---

① J. R. Anderson, A. T. Corbett, K. R. Koedinger and R. Pelletier, "Cognitive Tutors: Lessons Learned," *Journal of the Learning Sciences*, 4 (1995): 167 – 207; X. Zhu and H. A. Simon, "Learning Mathematics from Examples and by Doing," *Cognition and Instruction*, 4 (1987): 137 – 166.

② Y. Anzai and H. A. Simon, "The Theory of Learning by Doing," *Psychological Review*, 86 (1979): 124 – 140.

间没有明显的界限。知识是不是新的取决于解决问题者头脑中已有哪些知识，在增长知识的过程中从环境中得到了什么帮助。因此，我们应当能考虑到用与学习系统类似的程序来构建发现新知识的系统。

无目标的问题解决过程

探索性行为在解决那些结构不清晰、目标不明确的任务时会出现。想要发现黄金，甚至不需要去找（当然还是有人去找的），如果发现的不是黄金而是银或铜，人们同样会感到高兴。"发现"是指发现新事物，这一事物并不在我们预料之中，但是却还具备一定的价值。

1963 年，一项早期发现程序被开发出来，可以完成关于字母顺序的任务。如序列"ＡＢＭＣＤＭＥＦＭ"，后面应该是哪些字母？正确答案是"ＧＨＭＩＪＭ…"。为了发现这种固有模式，我们就必须按照顺序进行寻找。每逢第三个字母都是 M。三字母组中的第一个字母便是字母表中紧挨着前一个三字母组中第二个字母的那个字母。三字母组中的第二个字母是字母表中紧接第一个字母的那个字母。答案只不过是这一模式的演变。① 序列外推法是 20 世纪 80 年代和 90 年代科学定律发现项

---

① *Models of Thought*，vol. 1，chapters 5.1 and 5.2（with Kenneth Kotovsky）.

目的先驱者。中心思想就是要利用假说产生器来搜寻数据中的模式，再利用探测到的模式来指导进一步的搜寻——"这只不过"（nothing but）是启发式搜索，我们在之前也提到过。

另一个早期发现程序是 AM。[①] 它的任务是发现新概念和对它们的有趣猜想。AM 有一些标准判断猜想是否有趣，其中有一套基于最优的启发式搜索方法，以及一些任务领域里的基础知识（如基础的集合理论）。该程序发现新概念的能力非常强（比如说发现素数概念）；但也有一些对这个程序的发现依据的争议。一些批评者称那些新概念已经隐藏在 LISP 语言之中，而 AM 是用 LISP 语言编写的。对此我并不赞同，但是，若在此详细讨论这个问题就有点偏离本书主题了。

重新发现经典物理学

还有一个颇受关注的发现系统是 BACON 程序。它的目的是从大量的数据中发现不变量。[②] 如果给出行星与太阳的距离和轨道周期数据，该程序就会得出以下结论：对于所有行星，

① D. B. Lenat, "Automated Theory Formation in Mathematics," *Proceedings of the Fifth International Joint Conference on Artificial Intelligence* (1977), pp. 833–842. W. Shen, "Functional Transformation in AI Discovery Systems," *Artificial Intelligence*, 41 (1989)：257–272.

② P. Langley, H. A. Simon, G. L. Bradshaw and J. M. Zytkow, *Scientific Discovery：Computational Explorations of the Creative Process* (Cambridge, MA：The MIT Press, 1987).

行星至太阳距离的立方与轨道周期的平方之比都是一样的（开普勒第三定律）。从数据上看，电流随电路中电阻线的长度而变化，由此可以推导出欧姆定律。同理，以类似的方式，它也可以发现气体定律、伽利略落体定律和许多其他定律。

BACON程序将引入新的概念用以解释它发现的不变量。有数据显示，当两个物体互相加速时，加速度的比值总是相同的。它由此创造了质量概念，并将质量和每一个物体联系起来。同理，它也创造了折射率（在斯涅尔定律中）、比热容和化学价的概念。

同AM一样，BACON程序的基本构造并没有什么新意。如果程序发现在给定的两组数据中，其中一组数据随另一组单调变化（二者成正比或反比），再测试一下它们的比值（或乘积）是否不变。如果数值确实不变，则得出数值之间的定律关系；如果数值变化了，则定义一个新变量，然后将此变量加到其他变量中，并重复这一过程。该系统的行为的显著特点是，发现这些定律并不需要大量的搜索。找到一个不变量并不需要有十几个原始变量的函数进行参考。

在AM和BACON之后不断地出现了许多其他发现程序，它们展现了科学发现中的许多不同的方面，其中有些程序在《科学发现》（*Scientific Discovery*）中还进行了探讨。这些系统不仅能发现新概念，而且还能规划出一系列的实验步骤，推测复杂化学反应的反应路径，引导出解释质谱分析数据的规则，并扩大系统的空间状态以容纳不能直接观测的变量。

这些研究中有些已经把人工智能当作科学实验的一种方法。例如，DENDRAL 和 MECHEM 程序已经对化学做出了贡献，它们的一些发现被发表在了化学期刊上。然而，许多这类研究的目的是加深我们对人类发现过程的理解。例如，BACON 程序对物理学和化学中的有关发现的历史案例进行了比较，还有一些并行实验是以人类为实验对象，比较他们基于 BACON 程序而产生的发现与记录在科学史上的发现有什么差异。[①]

AM 和 BACON 程序及其后继程序让我们有理由相信，发现过程不会给人类认知带来新的复杂性。当这些系统中的一个发现了一些不仅对它自己而且对世界都是新奇的、有趣的东西时，这种陈述将变得更加令人信服。只不过这种测验尚未通过。

找到新的问题表象

解决问题的第一步，是将问题呈现（representation）出来，这样可以给解决问题提供一定的搜索空间。对于我们个人日常生活或职业生活中面对的大多数问题，我们只是从记忆里搜索出一个已经储存过且在以前的场景中使用过的表现。有时，

---

① Y. Qin and H. A. Simon, "Laboratory Replication of Scientific Discovery Processes," *Cognitive Science*, 14 (1990): 281-312.

我们必须在面对新的情况时采用新的表现以适应新的情景，这很容易做到。

不过我们偶尔会遇到这样一种情况，这一情况在我们之前遇到过的任何搜索空间中都找不到答案，即使将原来的搜索空间加以改变也不行。此时我们面临的发现任务可能像找到一条新的自然法则一样艰难。牛顿之所以能够发现万有引力定律，是因为他之前已经找到了一种新的表示，即微分学，而雷恩（Wren）和胡克（Hooke）以及其他同样在寻找万有引力定律的人都没有。更多的时候，表现形式问题的难度在于改变已有的表现形式或发明类似微积分这样的表现形式。

有一个被称为"残缺的棋盘"的观察洞察力的问题。国际象棋棋盘上有 32 张多米诺骨牌，每张骨牌正好覆盖两个棋格。有人将左上角和右下角的棋格剪掉，使棋盘残缺。那么残缺的棋盘是否能被 31 张骨牌覆盖呢？如果能，应该怎么做？如果不能，又是为什么呢？

通常情况下，受试者会在棋盘给定的问题空间中思考数个小时，试图找到合适的覆盖方式。在受到挫折后，他们开始考虑改变问题的表现形式。但是如何改变呢？受试者并没有发现一个空间的表现形式，甚至没有一个可能的表现形式的生成器。只有极少数成功的受试者在某些时候能够注意到，在他们不断尝试的失败中，每一张骨牌所覆盖的刚好是每种颜色的棋格，这样他们很快就会想到，骨牌只能覆盖黑白数目一样的棋盘，而残缺的棋盘是不能被覆盖的。

观察受试者解答"残缺的棋盘"问题给我们提供了关于发现新的表现形式的重要提示。关注点是我们成功的关键，我们一定要把注意力放在那些与我们解决问题有关的点上，并让这些点存在于一个问题空间内，而且删除那些不相关的点。这一单一的想法还不足以表达表现形式的变化理论，但是对构建这样的理论迈出了第一步。在我们的思维理论中，对新的表现形式的发现是缺失的，因此这也是认知心理学和人工智能所研究的重要领域。[①]

结　论

我们关于记忆所发现的一切都不需要我们更改关于人类认知的复杂性和简单性的基本判断。只要我们在围绕自己所形成的被称为"信息茧"的人类环境之中（信息存储在书籍或长时记忆中），我们仍然可以认为：

---

① C. A. Kaplan and H. A. Simon, "In Search of Insight," *Cognitive Psychology*, 22 (1990): 374 – 419.

　　若将人类视为行为系统，问题也会变得简单。我们不断变化的复杂行为其实是对我们复杂环境的一种反应。

　　这些信息以数据和程序的形式存储，并在适当的刺激下可根据丰富的索引系统进行访问，使简单的基本信息处理程序能够使用庞大的信息库策略，并解释了其行为复杂性的出现。硬件作为内部环境其实并不复杂，而内容丰富的外部环境才会产生复杂性，包括通过感官所理解的世界，以及存储在长期记忆中的关于世界的信息。

　　关于人类认知的科学论述是用几组不变量来进行描述的：首先是内部环境的一些参数；其次是总控和搜索机制，它们在各任务领域都会被重复使用；最后还有学习和发现机制，能够提升自身效率，不断适应所处的环境。人类有机体的适应能力，即获得新的表现形式和策略的能力，以及适应高度专业化环境的能力，使人类成为我们科学研究的一个难以捉摸而又迷人的目标，也是人工物的原型。

5

设计科学：创造人工物

从历史和传统角度来看，科学的任务是教授自然界的事物：它们的状态是怎样的，它们是怎么运作的，而工程学院的任务则是教授如何制作和设计特定性能的人工制品。

工程师并不是唯一的专业设计师，每一个想将现有情况变为首选行动方案的人都是设计师。生产物质产品、给病人开药方、给公司制订新的销售计划、为国家制定社会福利政策，这些智力活动在本质上没有什么不同。我是这样理解设计的，它是所有专业培训的核心，是区分专业和科学的主要标志。工程学院，以及建筑学院、商学院、教育学院、法学院、医学院等，都一样主要关心设计过程。

在 20 世纪，自然科学几乎把人工科学从专业学校课程中撤销，而人工科学在专业活动设计中却扮演了至关重要的作用，这样的做法真是极具讽刺。这样的情况在二战后的几十年后发展到了顶峰。工程学院慢慢成为数理学院，医学院演变成生物科学学院，商学院则成为有限数学学院。用"应用的"这样的形容词来掩盖从没改变过的以上事实。"应用的"只不过是专业院校从数学和自然科学当中选择一些最接近专业实践的科目而已。这并不是教授设计，设计和分析是不一样的。

这种朝着自然科学方向发展，脱离人工科学范畴的趋势在工程、商业和医学领域中的进展比我所提到的其他专业领域都要激进，不过，这并不意味着在法学、新闻学和图书馆学领域就不会见到这种趋势。实力雄厚的大学相较于实力薄弱的大学受到这种趋势的影响更大，研究生课程也比本科生课程受到的影响更重。在那段时间里，在专业一流的大学中很少有一些博士论文涉及真正的设计问题，这与固态物理学和随机过程的问题不同。但是我不得不对计算机科学与管理科学的博士论文做部分例外，当然还有一些其他的，比如化学工程论文，理由之后再进行叙述。

这样的普遍现象肯定有一个基本原因。专业院校（包括独立的工程学院）逐渐更多地融入大学普遍的文化当中，它们也在渴望得到学术地位的认可。就当时的规范来看，要在学术上获得认可，其研究课题就必须在智力上是可靠的、可分析性的、可形式化的、可教授的。在过去，我们所知道的少部分关于设计和人工科学的知识都是智力上简单的、直觉主观化的、非形式化的，像烹饪一样难以描述。在大学中的任何一个人，当他可以专注于研究固态物理学的时候，为什么他要更谦虚地教授或者学习有关机器设计或策划市场战略方面的内容呢？显而易见的是，他通常不会这么做。

人们在工程和医学领域以及工商管理领域已经逐渐发现了缺乏设计课程对专业能力造成的损害。有些学校不认为这是个问题（很少有学校不这么认为），因为它们把应用科学学校看作是比中等职业学院更高级一点的学校。如果可以选择，我们倒是认同用现在这样形式的学院代替曾经的中等职业学院。① 但是这两种形式都不能得到令人满意的答案。以前的专业学校不知道如何做出适当的教育设计；新型的学校似乎都不认为培养学生专业技能是首要责任。因此，我们面临的问题是：如何设计一个专业学校以同时实现在人工科学和自然科学中进行高层次教育的这两个目标？这同时也是设计的问题，即组织设计。

核心问题是"人工科学"。在前面几章我已经表明，一门研究人工现象的科学总是处于即将消失的危险之中。人工制品的特殊属性在于其内部的自然规律与外部的自然规律之间的薄薄的边界。我们应该如何看待这一点呢？除了那些支配管理方式和任务环境的边界科学之外，还有什么好研究的呢？

人工世界准确地讲是围绕内部环境和外部环境之间的这一界面的，它通过内部环境适应外部环境来实现目标。对与人工物有关的人进行适当的研究是一种对适应环境该采取什么样的手段的研究，其中最核心的部分就是设计过程。只要专业学校

---

① 这实际上是我们这一代工程学校的选择。学校需要的设计科学并不存在，甚至其最基本的形式也不存在。因此，引进更多基础科学才是我们需要做的。1930年，卡尔·泰勒·康普顿在麻省理工学院的院长就职演说中提出了这一问题："我希望……本校更多地关注基础科学，越来越多地将注意力放到基础科学上来；希望我们获得前所未有的研究精神状态和研究成果；希望可以仔细检查所有的教学课程，看看是否过分强调细节教育而忽略了全面的基础教育原则。"需要注意的是，康普顿院长强调的是"基础教育原则"，这在今天看来也是正确的。在1930年，按照我们在本书中强调的基本内容，要在课程体系中加入工程基础课和自然科学基础课是不可能发生的，而在今天却有可能发生。

发现并教授一门设计科学，一门关于设计过程的、智力上可靠的、可分析性的、部分形式化的、部分经验性的、可教的学说，它们就可以重新承担起它们的专业责任。

这一章的论点是，这样的设计科学不仅是可能的，而且自 20 世纪 70 年代中期就已出现。这本书的第一版出版于 1969 年，对设计科学的发展也产生了一定的影响。该书不仅提供了可采取的行动方式，还号召大家行动起来。卡内基·梅隆大学工程学院是最先研究设计过程的工程学院之一，1975 年它成立设计研究中心是走出的第一步。该中心（自 1985 年后改名为"工程设计研究中心"）促进了从事设计科学与实践研究的师生合作，进而开发设计和设计理论的基本发展要素，使这一理论进入了本科生和研究生的课程。该中心在卡内基·梅隆大学和美国其他地方在加强教育科研现代化建设中继续发挥着重要作用。

设计理论的主要目标是利用人工智能和运筹学的工具，拓宽计算机来辅助设计的能力。因此，计算机系、工程系、建筑学系以及商学院的运筹学科研群体对计算机辅助设计的许多方面加大了投入研究力度。为了将计算机引入设计过程，就需要使设计理论明确化、精细化，这是被大学接受的关键。在本章剩余部分，我将讨论设计理论和设计教学的一些问题。

设计的逻辑——固定的备选方案

我们必须从一些逻辑问题入手。[①] 自然科学关心事物是如何运行的。普通的逻辑系统（标准命题与谓词推算）能很好地服务于自然科学。由于标准逻辑注重的是说明语句，使用这一逻辑做出有关世界的论断和从这些论断中做出推论再适合不过了。

另外，设计关注的是事物应该是怎样的，设计出的人工物能否实现人的某种目标。我们可能会问适合于自然科学的推理形式是否也适合于设计。有人也许会认为，引入动词"应该"（should）会需要一套新的推断规则，或需要修改叙述性逻辑中的规则。

命令性逻辑的悖论

人们构建了各种"悖论"来证明我们需要一个独特的命令逻辑，或叫规范性的、义务逻辑来解决问题。在普通逻辑中，

---

① 我在早期的两篇论文中深入探讨了设计逻辑形式问题："The Logic of Rational Decision," *British Journal for the Philosophy of Science*, 16 (1965)：169 - 186；"The Logic of Heuristic Decision Making," in Nicholas Rescher（ed.），*The Logic of Decision and Action*（Pittsburgh：University of Pittsburgh Press，1967），pp. 1 - 35。目前的讨论是基于这两篇论文进行的，这两篇论文分别收录于 *Models of Discovery*（Dordrecht：D. Reidel Pub. Co.，1977）中的 3.1 节和 3.2 节。

从"狗是宠物"和"猫是宠物"可以推断出"狗和猫是宠物"。但是，从"狗是宠物""猫是宠物""你应该养宠物"能推断出"你应该养猫和狗吗"？可以通过类比陈述逻辑从"给我针和线"推导出"给我针或线"吗？容易沮丧的人比起要针还是要线（不能同时拥有针和线），他们更愿意什么都不要。热爱和平的人或许既不要猫也不要狗，而不是两者都要。

对于这些悖论来讲，人们已经有了以下对策：发展一些处理"应该""必须"问题的模态逻辑结构。我认为可以公平地说：这些系统都没有得到充分的发展或足够广泛的应用，以证明它们能够处理设计过程中的逻辑要求。

幸运的是，这样的证明其实并不是必不可少的，因为我们可以证明，通过对陈述逻辑适度的调整，可以充分满足设计要求。因此，没有必要建立一个特殊的命令逻辑。

我想强调一下"不必要的"这个词，它的意思并不是"不可能的"。模态逻辑可以被证明是存在的，就像长颈鹿一样可以通过展示自己的一部分来表明自己的存在。问题在于它们是否为设计所需要，对设计是否有用，而不在于它们是否存在。

还原至陈述逻辑

发现需要设计什么样的逻辑，最简单的方法就是考察设计者在谨慎地论证时会使用什么样的逻辑。如果设计者总是粗心大意，他们的论证松散、模糊、依靠直觉，那么我们可以说，不论他们使用什么逻辑都不再具有意义。

然而，在很多设计实践领域中，对推理的严谨性标准是很高的。我指的是"优化方法"，它在统计决策理论和管理科学中发展得最为成熟，同时在工程领域中也越来越重要。相当多杰出的逻辑家和数学家，还有实际的设计者、决策者，都对概率论与效用论以及它们的交互部分给予密切的关注和大力支持。其中，拉姆齐（F. P. Ramsey）、菲尼蒂（B. de Finetti）、沃尔德（A. Wald）、冯·诺依曼、奈曼（J. Neyman）、阿罗（K. Arrow）和萨维奇（L. J. Savage）就是几个例子。

优化方法的逻辑可以简述如下："内部环境"的设计问题由一组给定的备选行动方案来表示。这些备选方案通常根据已定义域的命令变量指定。"外部环境"则由一组参数表示，我们可以确切地知道一些参数的大小或仅仅知道它们的概率分布。内部环境与外部环境要实现的目标关系由一个效用函数（可能是命令变量和环境参数的标量）来确定，或许会辅以一些约束条件（比如说，命令变量函数和环境参数函数之间的不等式）。优化问题是找到一组允许与约束条件兼容的命令变量值，从而使在环境参数值给定的情况下，命令变量值使效用函数最大化。（在知道参数的概率分布的情况下，我们可以说，"使效用函数期望值达到最大"，而非"使效用函数最大化"。）

图 5-1 所示的"膳食问题"就是应用该范式的一个现实例子。图中提供了一个食物列表，命令变量是食物量。环境参数是每种食物的价格与营养成分（卡路里、维生素、矿物质等）。效用函数是食物的成本（带有减号）。约束条件例如：每天饮食中所含的卡路里不超过 2 000 卡；必须满足维生素和矿物质最低需求；每周食用甘蓝不能超过一次。这些约束条件可以看作是内部特征，问题是在给定的价格下如何以最低的成本选择满足营养要求和其他条件的各种食物，并确定食物量。

逻辑项		例子：膳食问题
命令变量	（"手段"）	食物量
固定参量	（"法则"）	⎰ 食物价格 ⎱ 营养成分
约束条件 ⎱ 效用函数 ⎰	（"目的"）	⎰ 营养要求 ⎱ 食物的成本

约束条件表征了内部环境；固定参量表征了外部环境。
问题：已知约束条件和固定参量，求命令变量取哪些值能使效用最大。

图 5-1　命令逻辑的范式

膳食问题是一个简单的例子，这类问题容易用线性规划的数学方法解决（即使在变量数量很多的情况下）。稍后我将继续讨论这一数学方法。我现在关心的是这件事情的逻辑问题。

优化问题形式化就是一个标准的数学问题，即在约束条件下实现函数最大化的问题。显然，用来推导答案的逻辑就是建立数学的谓词推算逻辑。形式化方法又是如何避免使用命令逻辑的呢？它通过处理几组可能出现的情况来做到这一点：首先，思考满足外部环境约束条件的所有可能性，然后从这个集合中找到满足目标其他约束条件的集合，并且使效用函数达到最大化。

这个逻辑和我们要做的事是相同的：把目标的约束条件和最大化要求作为新的"自然法则"，加入环境条件中，体现现有的自然法则。[①] 我们只需问：在一个满足所有这些条件的状态中，命令变量的值会是什么？然后我们得出结论：这些值是命令变量应该取的值。

计算最优情况

我们已经讨论的内容给我们的设计科学课程提供了两个中心课题：

（1）在已知备选方案中可作为选择的逻辑框架的效用理论和统计决策理论。

（2）能够推算出哪种方案是最优方案的方法体系。

只有在简单的情况下，最优方案的计算才是一件容易的事

---

① 使用"可能状态"的概念，在陈述逻辑中加入命令逻辑，至少可以追溯到 Jørgen Jørgensen，"Imperatives and Logic，" *Erkenntnis*，7（1937－1938）：288－296. 又见我的 *Administrative Behavior*（New York：Macmillan，1947）第三章。类别逻辑可以用来区分属于不同类型的语句在不同条件下（例如在不同的可能状态中）是否为真，但是，正如我的例子所示，这种工具通常并不经常被需要。我们在系统中引入的每一个新方程或约束都将把可能的状态集减少为先前可能状态集的子集。

情（见第 2 章）。如果效用理论要应用于现实生活中的设计问题，则必须有实际进行计算的工具。理智的棋手的两难问题大家都很清楚，优化策略在下棋中很容易被证实：＋1 表示胜利，0 表示平局，－1 表示失败；考虑所有下棋的走法，假设每一位棋手在给定的时间中都采取最有利的走法，再从这些走法中倒求最小值和最大值。根据这个过程可以决定下一步该怎么做，但唯一会遇到的问题是，这样的计算量太过庞大，因此人类没有办法进行计算。不仅如此，现存的和未来的计算机恐怕都做不到。

设计理论在下棋的应用中不仅包含理想的最大值和最小值，还包含一些帮助棋手在棋盘上找到合适位置的可行程序。这个任务需要借助现实中的人和计算机的计算能力完成。而现存的这类程序仍然是储存下棋大师记忆中的程序，这种程序具有我在第 3 章和第 4 章所描述的特性。但是现在也有几种程序能够击败除了大师以外的棋手，即使这类程序并不具备下棋大师那样的知识储备，其成功的原因大致有三：1）具有强悍的计算能力（有时计算数以亿计的变局）；2）储存丰富的关于开局变化的书本知识；3）合理评估关于局势复杂度的辨识函数。

设计科学课程的第二个课题包括高效计算技术，人们正是靠它们在真实情况下求出最优行动方案。正如我在第 2 章中提到的那样，该课题有许多重要组成部分，其中大部分至少发展到了实用的水平。这些理论包括线性规划理论、动态规划理论、几何规划理论、排队理论和控制论。

找出满意的行动方案

除了计算最优化情况，其他情况也需要用到计算技术。传统工程计算方法更多采用不等式来获得满意的表现，而并不是只用达到最大值和最小值的方法。所谓的"品质因数"会对设计进行比较，分辨出哪种设计较好、哪种较差，但很少判断哪种设计是"最佳"设计。例如，我会引用控制系统设计中所采用的根轨迹法。

由于在英语中似乎没有一个词来描述寻找好的或令人满意的解决方案而不是最优的解决方案的决策方法，几年前我引入了"令人满意的"（satisficing）这一词语来指代这样的过程。现在没有一个头脑正常的人会满足于他能同样好的优化；如果一个人能得到最好的，他就不会满足于好或稍好的。但在实际设计情况中，问题通常不是这样出现的。

在第2章，我认为在现实世界中我们在满意解和最优解之间通常没有选择的余地。因为我们掌握的获得最优解的方法太少了。例如"流动推销员"这一著名的组合问题：给定一组城市的地理位置，找到能让推销员走遍所有城市的里程最短的路线。① 对于此问题，有最直接的最优化算法（类似于下棋的极大极小值算法）：尝试全部可能的路径，选择最短的一条。但是，如果城市数量非常多，这一方法基本就不可行了。虽然人们已发现了一些减少搜索范围的方法，但尚未发现一种能够计算涉及 50 个城市的流动推销员问题的算法。

相比让推销员留在家里，我们肯定更倾向于为他选择一条即使不是最优，但也令人满意的路线。在大多数情况下，人们凭借尝试可能会找到一个不错的路线，但经过不同的方法后，通常可能会找到更好的路线。

我们无法满足最优化的所有情况都有一个相同的特征：虽然有以空想的方式给定的可用的备选方案集，但这不一定具有实际意义。我们不可能先找出所有的可选择方案，然后再一一进行比较。尽管我们可能有幸在很早之前就产生出了最好的方案，但我们无法发现它是最好的选择，只有等到我们看了所有的方案后，才能真正得知它是最好的。我们通过这种方法可以找到令人满意的方案，适当搜索之后就可以找到能够接受的方案。

现在，在许多令人满意的情况下，搜索一个满足规定的可接受性方案的搜索范围需要看标准定得有多高，与有待搜索空

---

① 流动推销员问题与一些非常类似的组合问题，如仓库选址问题，有相当大的实用意义，例如，为互相连接的电网选择中枢发电厂的厂址。

间的总量无关。正如在干草堆找绣花针所需要的时间取决于绣花针的分布密度而不是干草堆的大小。

因此，当我们采用满意化方法时，并不在乎所有的可行方案是否已提前给出。整体方案数量也并不重要。基于这个原因，满意化方法可以被用到设计问题中，即使没有给定备选方案也是可以的。下一步我们就要检验这种可行性了。

设计的逻辑——找出备选方案

当我们遇到设计方案毫无建设性意义但又必须综合时，我们必须得多想一想，在综合过程中是否涉及新的推理形式，或者陈述性语句的标准逻辑是否就是我们所需要的。

在进行最优化处理时，我们会问："在所有可能状态中，哪个是最好的，或者说何时判别函数能取最大值？"我们已经知道这单纯地只是一个经验性问题，回答这个问题只需要了解事实和普通的陈述性推理就可以了。

当我们寻求一个令人满意的方案时，一旦发现可选方案，我们就可以问："这个备选方案是否满足所有的设计标准？"显然，这也是一个事实问题，并没有提出什么新的逻辑问题。但是，搜索可行方案的过程如何呢？它又需要怎样的逻辑呢？

手段-目的分析

任何目标寻求系统必须通过两种渠道与外部环境联系：一是传入渠道或感官渠道，系统通过这些渠道接受关于环境的信息；二是传出渠道或运动神经，这是系统作用于环境的渠道。[①]系统必须具备某种储存方式，能够储存外部世界的信息，传出动作的信息以及其他信息。实现目标的能力取决于在世界状态的特定变化和将带来这些变化的特定行动之间建立联系，这种联系可能简单，也可能非常复杂。在第 4 章中，我们将这些关联描述为生产过程。

除了一些内在的条件反射，婴儿没有将感官信息与其行动联系起来的基本能力。婴儿早期需要学习的是，特定行为会给感觉世界带来什么改变。在婴儿积累起这一知识之前，感觉世界与运动神经世界是两个完全独立、没有联系的世界。只有当他（她）开始获得经验，知道组成这件东西的元素与组成那件东西的元素有何关系时，才能有目的性地作用于这个世界。

GPS 计算机解题程序旨在模拟人类解决问题的一些主要特

---

① 此处需要注意的是，这两种渠道并没有说是相互独立工作的，因为在生命体中它们肯定不是相互独立的。但我们对输入流与输出流可作概念上的区分，在某种程度上亦可作神经学上的区分。

征，以鲜明的方式展现了目标导向的行动是如何依赖于传入和传出两个世界之间的连接的。在传入或感官方面，GPS 必须能够把期望的情况和期望的对象以及当前的情况表现出来，还必须能展现现实与想象之间的差别。在传出方面，GPS 为了有目的性地运行，必须能够表示改变对象或情况的行动，GPS 必须能够不时地选择那些可能消除系统探测到的期望状态和当前状态之间的特定差异的特定动作。在 GPS 的机制中，这种选择是通过可识别的连接来实现的，这些连接与各种可检测到的差异相关联，这些行为与减少差异有关。这些因生产而形成的联系，把传入者与传出者的世界联系起来。由于达到一个目标通常需要一系列的行动，而且由于一些尝试可能无效，GPS 还必须有方法来检测它正在进行的进程（实际和期望之间的差异的变化）和尝试交替路径。

搜索逻辑

GPS 这一系统可以在一个（可能很大的）环境中选择性地搜索，以便发现一系列行动方案，并将其应用到所需的情况当中。支配这样一种搜索的逻辑规则是什么？除了标准逻辑外，还涉及其他东西吗？我们还需要标准逻辑来使过程更加合理吗？

标准逻辑似乎就足够了。为了表现传入世界与传出世界之间的关系，我们想象 GPS 在一个大迷宫中移动。迷宫的每一个交叉点就代表一种情况，也可看作是传入神经；点与点之间连接起来的路径就代表行动，可看作是运动神经，通过行动将一种情况转化为另一种情况。GPS 每时每刻都面临着一个问题："下一步我应该采取什么行动？"由于 GPS 对行动与情况变化之间的关系并不完全了解，这就成了一个在不确定性下的选择问题，这种不确定性已在前面一节讨论过。

寻找备选方案的特点是，解决方案（即完整地构成最终设计的行动）是由一系列的组件行动的序列构建而成的。备选方案空间规模巨大，组合多种行动序列不需要很多组件行动。

通过考虑将组件行动放在构成完整行动的序列中相应的位置，可以有很多好处。因为，从传入方看待这种情况时，通常情况会被分解为与传出方相匹配的一些组件。GPS 所隐含的推理是，如果期望的情况与目前的情况相差 D_1，D_2，$\cdots$，D_n，行动 A_1 消除 D_1 型的差异，行动 A_2 消除 D_2 型的差异，那么，依此类推，现在的情况就可以转化为通过执行 A_1，A_2，$\cdots$，A_n 等一系列行动，就能将现实情况转化为理想情况。

从标准逻辑规则来看，这种推理并不适用于所有情况。它的有效性需要对各行动对各差异的影响是否相互独立做出有力假设。可以说，这个推理在一定意义上是"可添加的"或"可分解的"。（前面引用的猫-狗和针-线的例子看上去像是悖论，正是源于这两个例子中的行动的不可添加性。用经济学家的话来说，一个是收益递减，一个是收益递增。）

现在，在这个意义上，解决问题者和设计者所面对的现实世界很少是完全可加的。行动有副作用（也许产生新的差异），有时候，只有当一些附属条件被满足时才能采取行动（在它们适用之前要求消除其他一些差异）。在这种情况下，一个人永远无法确定完成特定目标的部分行动序列是否可以被扩充，以提供一个解决方案，从而满足问题的所有条件和实现所有目标（即使它们是令人满意的目标）。

因此，在现实世界中解决问题的系统和设计过程并不仅仅是从组件中组装问题解决方案，而是必须寻找合适的组件。在进行这种搜索时，通常有效的方法是将鸡蛋分装到几个篮子里，不要孤注一掷，只有成功或失败，而要从一开始就同时探索几条可行的道路，再从可行路径中挑选几条最有希望的道路。如果某条有希望的道路开始显得不那么乐观，那么可以替换为之前较低优先级的道路。

我们对未给定的备选方案进行设计问题讨论时，产生了设计科学教学的三个附加课题：

在没有给出替代方案的情况下，我们对设计的讨论产生了至少三个额外的设计科学课程的课题：

（3）适应标准逻辑以寻找替代方案。设计解决方案是导致满足特定约束的可能状态的一系列行动。有了令人满意的目标，寻找的可能状态很少是唯一的；寻找的是达到目标所需的充分而非必要的行动。

（4）利用并行或近似并行的差异因式分解。手段-目的分析就是利用这种因式分解的广泛适用的问题解决技术的一个例子。

（5）将搜索资源分配给备选的、已进行了部分探索的行动序列。我想就这一课题再做些许阐述。

为资源的分配做设计

设计过程有两种方式与资源分配有关。首先，保护稀缺资源可能是令人满意的设计的标准之一。其次，设计过程本身涉及对设计师资源的管理，因此他的精力不会在被证明是徒劳无功的探究中被不必要地消耗。

关于资源节约，也就是成本最小化，这里没有什么需要特别说明的。例如将成本最小化作为设计标准，一直都是工程结构设计中一个隐性的考虑因素，直到几年前，它还是隐性的而不是显性的。现在，设计过程中越来越多的成本计算问题已变为显性的，现在已经有充分的理由可以对设计工程师们进行经济学家称为"成本效益分析"的技术和理论体系方面的培训。

以高速公路设计为例

在管理设计过程中必须考虑设计成本，这一思想出现于正式的设计程序已经开始发展，但还未得到普遍应用的时候。早期曼海姆（Marvin L. Manheim）为麻省理工学院博士论文而设计开发的用于解决高速公路布局问题的一个程序，就是一个很好的例子。[①]

曼海姆的程序包含两个主要思想：第一，从总体规划出发逐渐确定具体设计方案，最后确定实际结构；第二，重视较高层次的计划，以此为基础决定在具体性较强的层次上实施哪些计划。

在高速公路设计中，更高层次的搜索针对发现一些"相关带"，从相关带中找到一个好的公路路线是很有可能的。在每一相关带内，选择一个或多个位置进行仔细研究，然后，为特定位置制定具体设计。当然，该计划并不局限于这一具体的三级划分，但可以酌情加以推广。

曼海姆的方案是根据每个设计活动的成本分配和每个高级规划的高速公路成本估算来决定从一个层次到下一个层次应该采用哪些替代方案。如果该方案通过后续的设计活动具体化的

---

① Marvin L. Manheim, *Hierarchical Structure*：*A Model of Design and Planning Processes* (Cambridge：The MIT Press，1966).

话，与方案相关的高速公路成本是对实际路线的成本的预测。换句话说，它是衡量一个方案是否"有前景"的标准。在抵消了预期的设计成本之后，那些最有前景的方案将实施下去。

在曼海姆描述的具体方法中，方案的"前景"用一个结果（该方案实施后所产生的结果）的概率分布来表示。分布必须由工程师来估算，这是曼海姆方法的重要缺陷。但一旦估算出该分布，就能在贝叶斯决策理论框架中使用。所使用的特定概率模型并不是该方法的重要之处；其他不具有贝叶斯上层结构的估值方法可能同样令人满意。

在高速公路定位程序中，对较高层次的方案的评价有两个作用：第一，它回答了"下一步我应该在哪里搜索"的问题；第二，它回答了"我什么时候应该停止搜索，接受某种令人满意的解答"的问题。因此，它既是搜索的引导机制，又是据以判断何时终止搜索的满意化程度标准。

指导搜索的方法

让我们将指导搜索活动的方案概念运用到曼海姆高速公路布局问题以及以贝叶斯决策理论为基础的具体指导程序以外的地方。我们来看一看问题解决程序的一个典型结构。程序一开始会搜索一些可能的路径，然后会把探索的路径以"树"的形式储存在记忆中。在每一个树枝（每一分支路径）末梢附一个数字，以此表达这一路径的"值"。

但"值"这个术语其实是一个误区。分支路径不是问题的解决方案，而未通向解决方案的路径的"真"值应当为零。因此，把这些值看作沿着这条路径进行进一步搜索所预期的"值"，比把它们看作任何更直接意义上的"值"更有用。比如，对于一个可以给出较好解决方案，但实施概率很低的路径，我可以选择给它赋一个较高的值。在搜索过程中如果发现不太可行，损失的只是搜索成本而已。如果某条路径不可用，替代路径将被采用。因此，给部分路径赋值与所提出的完整解决方案的评价函数是不同的。[①]

当我们认识到为分支路径赋值的目的是引导下一步探索点的选择时，自然就会将上述思想推广到其他领域。在搜索过程中搜集的各种信息对于下一步搜索路线的选择可能都是有用的。我们不需要仅仅局限于对分支搜索路径的估值。

例如，在一个下棋程序中，探索产生的连续动作也许与最初产生的动作完全不同。无论实际产生移动的搜索树的分支的背景如何，都可以从中删除，并可以考虑移动到其他环境中去。贝勒（Baylor）在有限的基础上将这种方法添加到了一个名为MATER 的程序中（这一程序就是为了找出各种能够把对方将

---

① 这一点不是显而易见的，因为大部分下棋程序都采用了类似或相同的估值方法来指导搜索，并对路径最后所达到的位置进行估值。

死的组合），结果极大增强了该程序的将军能力。[1]

因此，搜索过程可以被看作是在大多数关于解决问题的讨论中寻求问题解决方案的过程。但它们可以被更普遍地视为搜集关于问题结构的信息的过程，这些信息最终将对发现问题解决方案有价值。从重要意义上讲，后一种观点比前一种观点更为普遍，因为它表明，沿着搜索树的任何特定分支获得的信息，除了生成它的情境之外，还可以用于许多情境。直到今天，也少有几个解决问题的程序在早期狭义的观点上前进了一小步。[2]

设计的形态——层级结构

在第 1 章中，我给出了一些原因说明为什么复杂的系统期望用分层次的等级结构（或盒中盒的形式）来构造。我的基本思想是，任何复杂系统中的一些组件都会完成特定的子功能，为整体功能做出贡献。正如通过描述系统的功能（并不详细说

---

[1] George W. Baylor and Herbert A. Simon, "A Chess Mating Combinations Program," *Proceedings of the Spring Joint Computer Conference*, Boston, April 26 - 28, (1966): 431 - 447 (Washington: Spartan Books, 1966), reprinted in *Models of Thought*, chapter 4. 3.

[2] 关于搜索路径之最优选择的形式理论，可见 H. A. Simon and J. B. Kadane, "Optimal Problem-Solving Search: All-or-none Solutions," *Artificial Intelligence*, 6 (1975): 235 - 247。

明系统机制）就可以定义整个系统的"内部环境"一样，每个子系统的"内部环境"也可通过描述该子系统的功能来定义，而不用详细说明其机制。[①]

要设计这样一个复杂结构，可以通过一种强大的技术来找到可用的方法，将系统分解为与其许多子功能相对应的半独立组件。因此在一定程度上，每一组件的设计可独立于其他组件的设计，每一组件通过自己的功能与其他部件发生影响，而与实现此功能的机制的细节无关。[②]

我们相信将完整的设计分解为部分功能组件的方式不是唯一的。在重要情况下，可能存在另一种完全不同的可行分解方式。这种可能性对管理组织的设计者来说是众所周知的，在管理组织中，工作可以按子职能、子流程、子领域等方式划分。其实经典组织理论的很多内容所关心的正是如何对相互关联的任务集合进行替代分解的问题。

生成-测试循环

有一种观点是这么考虑分解方式的，它承认不能完全忽略系统组件之间的相互关系，认为设计过程包含两部分：1）备选

---

① 在第8章"复杂性的构造"中，我用更长的篇幅阐述了这一论点。

② 关于设计中的功能分析的讨论，见 Clive L. Dym, *Engineering Design* (New York，NY：Cambridge University Press，1994)，pp. 134 – 139。

方案的产生；2）根据一系列的要求和约束条件对这些备选方案进行测试。不需要只有单一的生成-测试循环，但可以有一个完整的这种循环的嵌套系列。生成器隐含地规定了设计问题的分解方式，而测试过程保证重要的间接结果会得到注意和权衡。其他分解方式对应于最终设计的责任在生成器和测试之间的不同划分方式。

举一个非常简单的例子，许多生成器可能为一所建筑生成一个或多个可能的轮廓图和窗户配列方案，然后通过测试过程来确定特定类型的房间可以在已生成的轮廓图中得到满足；或者，生成器可以用来定义房间的结构，同时应用测试，看看它们是否符合一个可接受的整体形状和设计。房子可以从外到内设计，也可以从内到外设计。[①]

在组织设计过程中，备选方案对以下问题也是可以自由设置的：可能的子系统的设计应进行到什么程度再详细进行协调设计；或反之，总设计应发展到什么程度再设计各种组件（或可能的组件）。这些设计的替代方案是建筑师所熟悉的。它们对作曲家来说也很熟悉，作曲家必须决定在一些音乐主题组件和其他元素被发明之前，音乐结构的架构应发展到什么程度。计

---

① 感谢格拉森（John Grason）为我撰写本内容提供灵感，参见 J. Grason, "Fundamental Description of a Floor Plan Design Program," EDRA1, *Proceedings of the First Environmental Design Association Conference*, H. Sanoff and S. Cohn (eds.), North Carolina State University, 1970。

算机程序员也面临同样的选择，可以从执行程序到子程序向下工作，也可以从组件子程序到有协调作用的执行程序向上工作。

设计理论将包括在设计过程中决定优先级和顺序等问题的原则。例如，设计计算机程序的方法被称为结构化编程，在相当大的程度上涉及按照适当的顺序（通常是自上而下）设计子问题；建筑学院的许多教学都关注同样的问题。

决定风格的程序

当我们回想这一过程一般关心的是找到一个令人满意的设计，而不是最优的设计时，我们就能明白生成器和测试之间的分工不仅会影响设计的资源使用效率，而且会影响最终设计的风格。我们通常所说的"风格"可能源于这些关于设计过程的决定，也可能源于对最终设计要实现的目标的不同强调。① 从外到内设计和从内到外设计的建筑师建造的建筑风格是不同的，即使双方对令人满意的建筑应具备的特征问题看法相同。

当我们开始设计像城市、建筑物或经济这样复杂的系统时，我们必须放弃创造能够优化某些假设效用函数的系统的目标，我们必须考虑我刚才描述的那种风格差异是否代表了设计过程

---

① H. A. Simon, "Style in Design," *Proceedings of the 2nd Annual Conference of the Environmental Design Research Association*, Pittsburgh, PA: Carnegie Mellon University (1971), pp. 1 - 10.

中非常理想的变量，而不是被评估为"更好"或"更坏"的备选方案。在令人满意的约束范围内，多样性本身可能是一个可取的目的，其中一个原因是，它允许我们将价值附加到搜索过程以及它的结果，将设计过程本身视为参与其中的人的有价值的活动。

我们通常认为城市规划是一种手段，规划师的创造性活动可以建立一个满足大众需求的系统。也许我们应该把城市规划看作是一种有价值的创造性活动，一个社区的许多成员都可以有机会参与，只要我们有本事可以把参与过程组织起来。在下一章我将进一步讨论这些论题。

无论如何，我希望我已充分说明，设计的形态、设计过程的形态与设计过程的组织都是设计理论不可缺少的要素。

这些主题构成了我提出的设计课程的第六项内容：

（6）复杂结构的组织及其对设计过程组织的影响。

设计的表象

我还未考察过新兴设计科学的所有方面，特别是问题表象对设计的影响我谈得很少。尽管这个问题的重要性在今天已经得到了承认，但我们仍然远远没有形成一个关于这个主题的系统理论，一个能够告诉我们如何产生有效的问题表象的理论。我将举一个例子来说明我所说的"表象"是什么意思。

下面是一个游戏的规则，我称之为"拼数字游戏"。这个游戏将 9 张纸牌（红心 1～9）在两位玩家之间摆成一排，牌面朝上。二人依次抽牌，每次一张，可以抽剩下的任意一张牌。游戏的目的是看谁先做成一套（三张牌的数字之和为 15 便组成一套）。谁先完成一套，谁就是赢家，如果牌全部被抽光后双方都没有凑成一套则为平局。

在这个游戏中，什么是有效的策略呢？你应该如何寻找有效策略呢？如果读者到现在都还未能发现有效策略，让我来告诉大家怎么改变表象就能很容易地玩好这个游戏。图 5-2 表示一个幻方（我在第 3 章中介绍过），它是由数字 1～9 组成的。

4	9	2
3	5	7
8	1	6

图 5-2　幻方

每行、每列或每一个对角线上的数字加起来都是 15，这 9 个数字中的每个和等于 15 的三数字组都是幻方的一行、一列或一条对角线。由此可见，拼数字游戏中的"成套"就等于井字游戏中的"连成三点一线"。多数人都知道怎么玩好井字游戏，因此可以简单地将其惯用的策略转移到拼数字游戏中。①

以表象变化来解决问题

表象造成区别已经是大家早都熟悉的观点。我们都觉得自阿拉伯数字和位计数法代替了罗马数字后，算术就变得更加容易了。尽管我还不知道有什么理论能够解释该现象中的奥秘。

表象造成区别有多种原因。正如我在前一章中所提到的，所有数学在其结论中所展示的，只是那些已经隐含在前提中的东西。因此，所有的数学推导都可以简单地看作是表象的变化，使以前正确但模糊的东西变得明显。

这种观点可以延伸到所有的问题解决。解决问题只是将问题表现出来使解决方案显而易见。② 如果从这个方面组织解决问题，表象的问题确实是最重要的问题。即使不能这样组织解决问题，更深层次地理解如何产生表象，以及它们如何有助于解决问题，也将成为未来设计理论中的一个重要组成部分。

---

① 拼数字游戏并不是井字游戏唯一的同构物。米琼（John A. Michon）描述了另一种同构物——JAM 程序，它是井字游戏射影几何意义上的对偶。也就是说，井字游戏中的行、列与对角线成为 JAM 程序中的点，而前者中的正方形则成为连接点的线段。通过用一个点干扰所有段来赢得游戏。人们还知道井字游戏的一些其他同构物。

② Saul Amarel, "On the Mechanization of Creative Processes," *IEEE Spectrum* 3 (April 1966): 112-114.

空间表象

由于很多设计（特别是建筑与工程设计）都关心的是在现实中的欧氏二维或三维空间里的物体或排列，空间和事物的表象必然是设计科学的一个核心课题。通过我们前面对视觉感知的讨论，就应该清楚设计者脑中或计算机内存中的空间特性与纸上的图或三维模型有很大的不同。

这些表象问题已引起那些关注计算机辅助设计（人机合作的设计过程）的人们的关注。例如萨瑟兰（Ivan Sutherland）的 SKETCHPAD 程序，它可以表现几何形状，再根据约束因素加上附加条件，最后形状根据附加条件而改变。[①]

在试图完全自动化印刷或进行蚀刻电路或建筑物的设计时，几何因素也很突出。例如，在设计房屋平面图的系统中，格拉森构造了布局的内部表象，以帮助人们决定一套满足通信的设计标准的方案是否可以在一个平面上实现房间之间的连接，等等。[②]

---

① I. E. Sutherland, "SKETCHPAD, A Man‒Machine Graphical Communication System," *Proceedings*, *AFIPS Spring Joint Computer Conference*, 1963 (Baltimore: Spartan Books), pp. 329‒346.

② C. E. Pfefferkorn, "The Design Problem Solver: A System for Designing Equipment or Furniture Layouts," in C. M. Eastman (ed.), *Spatial Synthesis in Computer-Aided Building Design* (London: Applied Science Publishers, 1975) .

表象的分类

当我们去理解现象时（不论是哪一种类型），第一步应是通过分析这些现象包含了哪些种类来制定一种分类方法，但是目前人们还没有做到这一点。我们对问题的不同表象了解有限，对表象中差异的意义更是知之甚少。

从实用的角度，我们知道问题可以用自然语言进行描述。它们也经常被用数学手段来描述，像使用代数、几何、集合论、分析法或拓扑学等标准形式工具。如果问题与物质对象相关，则可以由平面图、工程图、透视图或三维模型来表现这些问题（或是它们的解决方案）。与行动有关的问题可用流程图和程序进行处理。

还有其他项目很可能需要增加到这一列表中，而且可能还存在更基本、更重要的分类方法。即便我们的分类并不完整，但我们却已经开始建立一个表示这些表象特性的理论。计算机结构和编程语言不断发展的理论，如函数语言和面向对象语言方面的工作，说明了表象理论可以采取的一些方向。同时，对于人类思维方面的表象应用的认识，也有一些并行的进展，其中一些进展在第 3 章和第 4 章做了综述。这些主题为我们关于设计理论的最后一个主题提供了内容：

（7）设计问题的表象。

小结——设计理论中的主题

本章的主要目标是表明现在已经存在设计理论的一些组成部分和与每一组成部分相关的大量理论和经验方面的知识。当我们起草人工科学中设计学的课程大纲时，要使它在整个工程学课程体系中与自然科学并列，那么它至少应包括下列细目：

设计的评估

1. 评价理论：效用理论，统计决策理论

2. 计算方法：

a. 选择最优方案的算法，如线性规划算法、控制论、动态规划法

b. 选择令人满意的备选方案的算法和启发式方法

3. 设计的形式逻辑：命令逻辑和陈述逻辑

备选方案的搜索

4. 启发式搜索：因式分解与手段-目的分析

5. 搜索资源的分配

6. 结构和设计组织的理论：层级系统

7. 设计问题的表象

对于该课程体系的小部分内容（评价理论和设计的形式逻辑），我们现在已经可以在一个带有系统性形式理论的框架内组

织教学了。而对于体系中其他许多部分的内容，则只能用更重实效的、更带经验性的方式去处理。

但是，我们并不需要按图索骥，这一方法让最初的设计蒙羞并导致其被从工程课程中撤销。如今，实际设计过程的例子已经数不胜数，有着不同的种类，并且这些实例已经被充分规定使用计算机程序的形式运行，像是在一个模具中浇铸的。这些程序包括优化算法、搜索程序，以及专门用于电机设计、平衡装配线、选择投资组合、安排仓库布局、设计高速公路、诊断和治疗疾病等的专用程序。[①]

因为这些计算机程序以完整、周详的细节描述了复杂的设计过程，所以它们可以接受全面的检查和分析，或者通过模拟进行试验。它们构成了设计学专业的学生能够研究解答并加深理解的经验现象体系。既然这些程序存在，就不存在隐藏在"判断"或"经验"后的设计过程问题。编写程序时使用的无论是什么判断或经验，都要体现在程序中，因此它们是可以被观察到的。人们为探索自己复杂的外部环境而在环境中寻找为通向目标而设计的方案，那些程序是多种方案的有形记录。

---

① 这些程序在 Dym 的著作中被介绍了一部分，其他程序在《工程设计概论》(*Engineering Design in the Large*) 中有所讨论，这本书是卡内基·梅隆大学工程设计研究中心相关教授撰写的。Dym 在其著作每一章的结尾附有对其相关出版物的评论。他的书的参考书目有 200 多篇，其中大部分都涉及具体的设计项目和系统；这个文献目录的范围广度显示出了设计科学目前的发展速度。

设计在精神生活中的作用

我把我的主题称为"设计理论"，把我的课程体系称做"设计学程序"。我强调了在专业工程师（以及任务为解决问题、选择、综合与决定的任何其他专业人员）的整个培训过程中，设计课程应作为自然科学课程的补充。

但还有另一种方式来看待设计理论与其他知识领域的关系。本书的第 3 章和第 4 章是关于心理学的章节，特别是关于人与其生物内部环境的关系。本章也可看作是关于心理学的章节，不过是关于人类与复杂的外部环境的关系以及人类如何在复杂环境中寻求生存及实现自己的目的。

所有这三章的意义都超出了我们称为"设计师"的人的专业工作范围。我们当中有许多人都曾对我们的社会分裂成两种文化感到不满，其中一些人甚至认为社会不只分裂成了两种文化，而且分裂成了多种文化。如果我们对文化分裂感到遗憾，那么我们就需要找到所有文化成员所共有的知识核心，这个核心包括比天气、体育、汽车、养育子女甚至政治更有意义的内容。这一重要核心至少有一部分是对我们同内部环境和外部环境（它们限定了我们生活与进行选择的空间）的关系的共同认识。

这似乎是一种奢求。让我用音乐领域的例子来说明。音乐是人工科学中最古老的科学门类之一，并受到古希腊人的推崇。

我所说的关于人工物的一切都同样适用于音乐（音乐创作或音乐欣赏），同适用于工程学的论题一样（我的大部分说明都是以工程学为论题）。

音乐包括形式化的模式。音乐与内部环境接触很少却很重要，它能唤起强烈的情感；音乐的模式能被人类听众察觉出来；它的某些和声关系可从物理学和生理学的角度做出解读。至于外部环境，如果我们把作曲看成设计问题，那么我们面临的任务与任何其他设计问题是同样的：评估任务、寻找备选方案、表现任务。如果我们愿意，甚至可以将用于其他设计领域的计算机自动设计技术运用到音乐上。即便计算机合成的音乐不能达到较高的艺术水平，但它值得并且已经得到了来自世界各地专业作曲家和分析专家的密切关注，他们并不觉得计算机谱写出来的曲子有任何奇怪的地方。①

毫无疑问，有对音乐一窍不通的工程师，就像有对数学无知的作曲家。不论工程师是否懂音乐，音乐家是否有数学知识，很少有工程师和作曲家能就各自专业内容进行互益的对话。我认为，他们可以就设计问题进行互益的对话，从中可以感知他

---

① L. A. Hillier and L. M. Isaacson. *Experimental Music* (New York：McGraw-Hill，1959) 报道了 40 多年前开始的实验，该书仍被视作音乐作曲很好的入门书。相关信息也可参阅 Walter R. Reitman，*Cognition and Thought* (New York：Wiley，1965)，chapter 6，"Creative Problem Solving：Notes from the Autobiography of a Fugue"。

们各自所从事的创造性活动的共性，分享各自在创造性的、专业性的设计过程中收获的经验。

我们这些从小就与现代计算机的发展关系密切的人来自各种不同的专业领域，音乐领域就是其中之一。我们已经注意到围绕计算机进行的知识学科之间的交流越来越多。我们很希望有这种交流，因为它使我们接触到新的知识，可以帮助我们克服多种文化之间的隔阂。这种打破旧的学科界限的做法已经有很多人评论，并且人们还经常注意到它与计算机和信息科学之间的联系。

但可以肯定的是，计算机作为一个硬件，甚至是作为一个编程软件，与上述现象并没有直接关系。我已提出了另一种解释。跨领域交流的能力这个共同点来自这样一个事实，即所有以复杂方式使用计算机的人都在使用计算机进行设计或参与设计过程。因此，作为设计师，或者作为设计过程的设计师，我们必须比以往任何时候都更清楚地知道在设计过程中需要做什么，以及在设计过程中会发生什么。

在众多文化之间进行新的知识自由贸易的真正主体是我们自己的思维过程，这是我们进行判断、决定、选择和创造的过程。关于一个连续组织的信息处理系统，如人或计算机，或由男人、女人和计算机组成的有组织合作的综合体，如何在非常复杂的外部环境中解决问题并实现目标，我们正在进行一种知识学科与其他思想之间的交互。

人们认为研究人类的最佳方法是研究人。但我认为，人或至少他们的智力成分可能是相对简单的，他们行为的大部分复杂性可能来自他们所处的环境，来自他们对好的设计的追求。如果我已经证明了我的观点，那么我们可以得出这样的结论：在很大程度上，对人类的适当研究是设计科学，它不仅是技术教育的专业组成部分，而且是每一个受过自由教育的人的核心学科。

社会规划：设计不断发展的人工物

在第 5 章中，我们对规划师和人工物创造者使用的一些现代设计工具进行了概述。甚至在他们还没能使用这些工具之前，就有有胆识的规划者经常把整个社会及其环境作为有待改造的系统看待了。有些人把他们乌托邦式的理想记录在书中，比如柏拉图（Plato）、莫尔爵士（Sir Thomas More）等人。另一些人则在美国、法国、俄国和中国试图通过社会革命来实现他们的计划。许多或大多数大规模设计的内容都集中于对政治和经济的安排，但也有一些则注重物质环境，如河道开发计划。古埃及就有河道开发工程，从田纳西河谷到印度河再回到今天的尼罗河，人们一直在这方面进行努力。

当我们回顾这些设计工作和其实施情况以及思考当今世界上的设计任务时，我们的感受很复杂。我们为科技知识赋予我们巨大的力量而感到振奋，同时我们被科技力量所造成的问题的严重性所震惊，这使我们警觉。我们清醒地认识到，过去在整个社会范围内进行设计的努力收效甚微，有时甚至是灾难性的失败。我们会问："如果我们连月球都能上去，为什么不能……"我们并不指望得到答案，因为我们知道，与我们为自己设定的其他任务相比，如建立一个人道的社会或和平的世界，登上月球确实是件简单的任务。这两者的差别又在哪儿呢？

登月问题只是在某一方面比较复杂——它会挑战我们的技术能力。登上月球虽然是一个了不起的成就，但它是在一个极其富有合作性的环境中实现的，美国为完成此任务还特意成立了一个新的组织——美国国家航空航天局（NASA），而且该组织目标明确、高度可操作化。美国国家航空航天局有大量的资源，再加上它采用已发展成熟了的市场机制进行管理，从而得以吸取我们整个社会的生产能力和尖端技术。

虽然该活动的若干潜在副作用（特别是其在国际政治斗争和军事斗争中的意义以及技术产生的附带利益）在激励项目方面发挥了重要作用，但是，当确定了送人上月球的目标后，规划者就不会过多考虑那些副作用了。况且，当我们说该项目的成功时，不是指那些副作用带来的利益或损失，而是指几名宇航员登月成功，在月球表面行走。也没有人预料到这些航行的更重要的结果：当我们第一次从太空中看到苍白脆弱的地球时，我们对自己在宇宙中的地位有了新的深刻认识。

现在我们来考虑一个性质完全不同的人类设计的例子。在大约 20 年前，美国人庆祝了美国成立 200 周年纪念日。在大约 10 年前，美国人庆祝了宪法 200 周年纪念日。所有美国人都认为这是一个人类规划的成功案例。我们认为它是成功的，是因为美国宪法经过大量修改和解释，仍然保留了基本结构，至今仍是美国政治体制的框架；而且由于社会在其框架内运作，所以宪法为我们大多数人提供了广阔范围内的自由和舒适的物质生活。

这两个成就——登月计划和美国宪法的保留——都是有限

理性的胜利。它们成功的一个必要不充分条件是成功用既定的目标来衡量。美国国家航空航天局的表述就论证了这一点。对于那些开国元勋来说，研究他们对自己目标的看法对我们是有帮助的，从《联邦主义者》和现存的制宪会议记录中就可以知道。① 这些文件有非常强的实际意义，也让我们意识到人类处理人类重大事务的局限性。宪法的多数起草者为人工物拟定了非常有限的目标，主要是在一个有秩序的社会中维护自由。此外，他们并没有假设新的体制会培养出一个新人，而是将他们所了解的男女心理特征、他们的自私性和通情达理之处作为设计的约束条件之一。用他们严谨的措辞来说就是（《联邦主义者》，第55卷）："由于人类在一定程度上存在着堕落性，因此对人类需要有一定程度的谨慎和不信任。同样，人性中的其他品质，证明一定程度的尊重和信任是合理的。"

这些例子说明了基于社会规模设计人工物的一些特征和复杂性。要在这样的规模上成功地进行规划，可能需要在制定设计目标时保持适度和谦逊，并在设计过程中对现实世界的情况进行大幅度的简化。即使有限制和简化，通常也要克服困难的障碍才能达到设计目标。本章的主题就是关于克服这些障碍的

---

① 《联邦主义者》（*The Federalist*）的作者是麦迪逊（Madison）、汉密尔顿（Hamilton）和杰伊（Jay），但主要是麦迪逊。我用的《联邦主义者》版本是福特（P. L. Ford）编辑的（New York：Holt, 1898）。麦迪逊的笔记是我们能搜集到的关于会议的主要文件。

一些技巧。

　　我们的第一个主题是问题表象；第二个主题是如何适应数据中可以预期的不足之处；第三个主题是客户的性质如何影响规划；第四个主题是规划师的时间与注意力的限制；第五个主题是社会规划中目标的模糊性和冲突。这些主题可以看作是一系列障碍，也可以看作是一系列计划要求，它们将向我们提出一些建议，对上一章概述的设计课程进行补充。

设计问题的表象

　　上一章主要是在结构相对完善的中等规模的任务中讨论了表象问题。当涉及社会设计时，表象问题又有了新的层面。

表象组织

　　1948 年，美国政府采取了一项大胆的举措用以恢复战后西欧各国的经济，即所谓的"马歇尔计划"。该计划是通过经济合作总署（ECA）来实施的。①

　　美国国会已为第一年的实施计划拨款 53 亿美元。因此有人

---

　　① 我在 "The Birth of an Organization," chapter 16 in *Administrative Behavior*, 3rd ed. （New York：The Free Press, 1976）中详细地讲述了这个故事。

认为，ECA 的任务是审查欧洲国家提出的购货单，以确保购货单中包含真正"需要"的东西（商品审查方式）。另一些人则认为，ECA 的目的是确定每个国家国际收支中的"美元缺口"，并授权资金来弥补这一缺口（贸易平衡方式）。再有一些人则认为，ECA 的主要目的是在欧洲建立一个强有力的审议机构，使受援国能够制订自己的基金使用计划，从而加强协作（欧洲合作方式）。还有一些人认为，主要应通过美国与各受援国之间的双边协议来做出决定（双边承诺方式）。又有一些人以为，至少应将拨款中指定用于贷款的部分（10 亿美元）按项目处理，对每个项目作为投资的合理性进行评估，看其是否具有偿付能力（投资银行方式）。另一些人认为 ECA 应有一个做出全面决策的政策机构，然后由若干行政机构执行这些决策（政策和行政方式）。以上每一种问题表象在国会设立 ECA 的立法中都有所依据。

只要稍加思考就不难看出，实施这些不同的方法会产生截然不同的援助计划，从而对欧洲国家和美国产生非常不同的经济和政治后果。以一种特殊的方式将问题概念化，意味着以符合这种概念化的方式组织机构，而不同的组织机构不可避免地执行完全不同的计划。即使所有的备选政策在某种一般意义上都符合国会的意图，这些组织还是会对其中一些目标比较重视，而轻视另外一些目标。

随着事情的发展，虽然代表这六种方式中的每一种的残余机关在 ECA 运行一年后仍然可见，但贸易平衡方式与欧洲合作方式总体已占统治地位，这两种方式建立了欧洲经济稳定的衡量标准，并为后来的共同市场及欧盟奠定了基础。虽然 ECA 的六种方式中的每一种都有一定的合理性，但如果试图同时采用所有这些方式，可能会（而且几乎会）在该机构和受援国中造成彻底的混乱。与其说需要一个"正确"的概念，不如说需要一个所有参与者都能理解，促进行动而不是阻止行动的概念。ECA 的发展提供了一个共同的问题表象，所有人都可在其中工作。

找到限制因素

第二个例子说明，在为设计问题选择表象的过程中，正确识别限制因素的重要性。几年前，每当国外发生危机，美国国务院就会受到通信线路拥堵的困扰。电传打字机不能像接收信息那样迅速输出信息，往往会滞后很长时间，因此发送给华盛顿的重要信息在传输中发生严重延误。

由于印刷能力被认为是限制因素，有人提议用行式打印机取代电传打字机来补救这种情况，从而使输出速度提高几个数量级。没有人问起这个链条的下一个环节：国别办事处的官员对行式打印机打印出来的信息的处理能力。如果进行更深入的分析，我们就会发现，这一过程真正的难点是使用汇报信息的人类决策者的时间和注意力。知道难点后又会产生一个更复杂的设计问题：在危机期间，如何对传入的信息进行过滤，使重要的信息优先得到决策者的注意，而不重要的信息则被搁置，直到危机过去再去处理？这样说来，这个设计问题就不简单了。但是，如果能找到一种解决方案，即使只能解决部分问题，那么至少也会帮助我们缓解问题而不至于使问题变得更糟。

这并不是个例。美国大型公司安装的第一代管理信息系统被认为是失败的，因为这些系统的设计者旨在为管理者提供更多的信息，而不是保护管理者不受干扰。① 因此一种适用于信息稀缺的环境的设计表象，对于注意力稀缺的环境来说，可能正好是一个错误的表象。

直到 20 世纪 90 年代中期，人们仍未吸取教训。人们在宣布修建"信息高速公路"时，无须担心它可能造成的交通拥堵或所需的停车位。这项新技术没有增加一天当中的小时数，也没有增加人们吸收信息的能力。真正的设计问题不是向人们提供更多的信息，而是分配他们可用于接收信息的时间，使他们只得到最重要的和与他们将做出的决定有关的信息。我们的任

---

① H. A. Simon, *The New Science of Management Decision* (Englewood Cliffs, N. J.: Prentice-Hall, 1977), chapter 4.

务不是设计信息分配系统，而是设计智能信息过滤系统。[①]

无数字的表象

我们可以使用的许多形式化规划工具都要求以定量的形式表现设计问题。例如，贝叶斯决策分析要求对可能的决策结果赋予效用值和先验概率，然后在外部事件的估计概率分布的基础上计算这些决策结果的后验概率。有了分配的效用值和估计概率，就可以计算出每个备选方案的预期效用值，并选择一个期望效用值最大的最佳方案。

设计问题经常涉及将一个或多个参数设置在既不会太高也不会太低的数值上。这类问题通常可以用经济学术语来认识：设计要求边际效益和边际成本平衡。例如，让我们考察控制汽车排放标准的任务。[②] 该问题的合理表象应满足以下要求：（1）排放量是汽车数量、行驶距离和设计（因此是成本）的函数；（2）空气质量是排放水平和各种地理与气象参数的函数；（3）对人类健康的影响程度取决于空气质量和呼吸此空气的人口。将这三个函数适当并列就会产生一种关系，其中健康是因

---

① H. A. Simon, The Impact of Electronic Communications on Organizations, in R. Wolff (ed.), *Organizing Industrial Development* (Berlin: Walter de Gruyter, 1986).

② Coordinating Committee on Air Quality Studies, National Academy of Sciences and National Academy of Engineering, *Air Quality and Automobile Emission Control*, Vols. 1–4, no. 93–23 (Washington: Government Printing Office, 1974).

变量，汽车成本是自变量。如果以货币价值衡量对健康的影响程度，那么对排放标准进行直接成本效益分析所需的所有要素就都具备了。

这样说明问题只是为了表明试图进行这种计算是荒唐的。然而，当这一问题被提交给国家科学院时（是因为国会必须对排放标准做出决定而不是因为这个问题可以解决），科学院邀请提供咨询意见的一些专家组成的小组委员会证明成本效益分析的概念方案是最佳的表现方式。第一个小组委员会主要由工程师组成，审查了重新设计汽车以减少排放的成本。第二个小组委员会由大气化学和气象学专家组成，分析了排放与空气质量之间的关系。医学专家小组委员会审查了主要污染物对健康影响的证据，而另一个由经济学家组成的小组委员会负责估算应赋予对健康的影响程度的值。

这些小组委员会中没有一个能够得出比数量级更可信的估计，除非是对汽车成本的估计，这一估计的精确程度可能在 2 倍以内。一般来说，医学专家小组委员会根本不愿意或无法做出任何边际估计，只限于寻找可检测到的污染物对健康影响的空气质量阈值水平。鉴于这类研究结果和评估，假设的成本效益分析方案无法按字面意思应用。然而，该方案提供了一个概念性的框架，在这个框架中，各种发现可以相互关联，而协调委员会也可以在这个框架中判断拟议标准的合理性。即使在这种复杂的环境中，理性的人也可以设定排放水平的上限和下限，即使不是由证据所决定的，至少也是与证据相一致的。如果优化是不可能的，那么该框架可使委员会能够达成一项站得住脚的令人满意的决定。

有人可能会认为，对于汽车排放这样重要的问题，"站得住脚"是一个低标准。但这可能是我们在处理这种复杂的现实世界问题时通常能够满足的最严格标准。即使在这种情况下（也许说"特别是在这种情况下"会更好），适当的问题表象对组织力量解决问题以及明确地评价提出的解决方案是至关重要的。真正重要的不是数字，而是允许进行功能分析（即使是定性的分析）的表象结构。

用于规划的数据

如果给出一个好的问题表象，即使在缺少大多数相关数据的情况下，有时也可以进行理性分析。设计质量很大程度上取决于可用数据的质量。我们的目的不是在没有数据资料的情况下进行设计，而是在设计过程中对数据质量进行评价。制定汽车排放标准可能需要一种不同于计算飞机机翼最佳轮廓的数据方法。

当我们必须在数据极度贫乏的情况下进行规划时，我们还有什么其他的办法呢？有一种最简单的策略（几百年来，科学家普遍采用这种策略，但规划者们有时候会将其忽略）：对每一个估计值的精确性进行评价。这样做并未使估计值更加可靠，但它提醒我们那些估计值有多么可靠，从而有更多的选择性。

预 测

关于未来预测的数据，通常是我们事实盾牌最薄弱的地方。良好的预测有两个难以满足的必要条件。第一，它们要求要么对要预测的现象有理论上的理解，以作为预测模型的基础，要么现象有足够的规律性，可以简单地进行推断。由于有关人类事务的数据很难满足要求，所以我们的预测基本都是处于理论层面。

预测的第二个必要条件是要有关于初始条件的可靠数据，即我们推断的起点。系统的路径对初始条件的变化越敏感，系统越容易随之变化。准确预测天气很难，因为气象事件对初始条件的敏感度非常高，初始条件稍有变化，后面的结果差异就非常大。我们有充分的理由认为，社会现象的敏感程度与天气对初始条件的敏感程度差不多。

由于设计的最终结果在未来才会显现，所以预测未来所发生的事情是每一个设计过程不可避免的部分。如果是这样，那么这就是对设计抱悲观态度的原因，因为预测的成绩记录（即使对于像人口这么"简单"的变量的预测）都不理想。如果有任何不需要预测的设计方法，我们就应当好好利用。

现在我们来看看讨论比较多的罗马俱乐部报告，这份报告预言了 21 世纪人口过多、资源枯竭、饿殍遍地的末日景象。[①]由于罗马俱乐部报告中的具体细节饱受批评，因此我就不再过多赘述。我所持的观点的涵盖范围具有一般性，而罗马俱乐部报告的预测则有些过犹不及。说它预测得"过头"，是因为它预言的具体末日日期毫无根据，就算是真的，现在也毫不重要。我们不想知道灾难什么时候发生，而想知道如何避免灾难。在没有任何具体预测的情况下，我们知道，在人口成倍增长和资源有限的情况下，这个系统迟早会瓦解。出于规划的目的，我们只希望对事件的时间尺度有一定的了解，至少知道我们谈论的是几年、几十年、几代人还是几百年。对于大多数设计目的来说，这就是我们所需要的预测。

罗马俱乐部报告预测得太少，因为它强调的是单一可能的时间路径，而不是关注不同的未来。设计数据问题的核心不是预测，而是构建未来可供选择的场景，并分析它们对理论和数据中的误差的敏感性。这里所说的关于环境建模的内容也适用

---

① Donella Meadows et al.， *The Limits to Growth*（N. Y.：Universe Books，1972）.

于专门为全球变暖引起的气候变化建模所做出的努力。预测全球变暖的确切过程是一项吃力不讨好的任务。更为可行和有用的是制定替代性政策，在适当的时候采取这些政策，以减缓变暖速度，减轻其不利影响，并利用其有利影响。[①]

我们应如何去设计一个满足社会的能源和环境需求的可接受的未来？首先，我们选择一些规划范围：短期计划可能是五年，中期计划可能是一代人，长期计划可能是一两个世纪。每一个时期并不需要构建详细的预测。相反，我们可以将分析资源集中在研究系统的短期、中期和长期的替代目标状态上。这里所说的目标状态指的是能源使用量和污染物产生量的上限。选择一个理想的（或可接受的）目标状态，并确信其可实现性不会对不可预测的因素过于敏感，然后我们就可以将注意力转向构建从现在通往理想未来的路径。

如果必须对遥远的事件进行详细的设想，那么对遥远的未来进行设计是完全不可能的。让这种设计变得还可以想象的原因是，我们对未来的了解或猜测足够多，就可指导我们今天必须做出的决定。对当前的决定没有影响的未来或事项与设计无关。关于这一点，我将有更多的话要讲。

---

① H. A. Simon, "Prediction and Prescription in Systems Modeling," *Operations Research*, 38 (1990): 7–14.

反　馈

在进化所形成或人类所塑造的自适应系统中，很少将依靠预测作为应对未来的主要手段。处理外界环境变化的两个互补机制往往比预测的效率要高得多：一个是自动稳态机制，对环境变化并不会特别敏感；一个是回溯反馈调节机制，根据环境变化进行调节。

同样地，工厂如果有一定的库存量，则对短期内产品订单如何变化也不用太担心。食肉动物组织中存储的能量使它们能在捕猎时应对各种突发情况。发电厂适度的产能过剩可以避免在生产过程中出现能源短缺的情况，因此不必对峰值负荷进行精确估计。自动稳态机制对于应付环境的短期波动特别有效，所以无须进行短期情况预测。

另外，反馈机制通过不断地对系统的实际状态和期望状态之间的差异做出反应，使其适应环境的长期波动而无须预测。无论环境如何变化，反馈机制总可以适应其变化，当然会有一点点的延迟。

在可以进行某种合理程度的预测的领域，一个系统对其环境的适应能力通常可以通过结合自动稳态机制和反馈机制来提高。然而，在控制论中，使用预测的主动前馈控制可以使系统陷入无阻尼振荡，除非控制响应经过精心设计以保持稳定性。

由于过于重视不准确的预测数据可能会产生不稳定的影响，因此除非预测质量很高，有时完全可以忽略预测，而完全依赖反馈是有利的。①

谁是客户？

在谈论大型社会系统的设计时问到"谁是客户"的问题，听起来似乎很奇怪。对于较小规模的设计任务，不需要提出这个问题，因为答案已经包含在设计师职业角色的定义中。从微观的社会设计层面来看，人们默认专业的建筑师、律师、土木工程师或医生是为特定的客户工作的，客户的需求和愿望决定了专业人员的工作目标。在这种情况下，建筑师设计房屋要满足用户的居住要求，医生则要针对患者的病痛做疗程计划。尽管在实践中事情并没有这么简单，但这种对专业角色的定义极大地促进了每个专业的技术发展，这意味着设计师只需要考虑客户的需求，超出客户需求的部分将可以不必考虑。从社会的角度来看，建筑师不需要考虑客户想要花在房子上的资金是否

---

① 关于结合预测和反馈来控制工厂系统的动态规划方法设计的有关讨论，参见 Holt, Modigliani, Muth, and Simon, *Planning, Production, Inventories, and Work Force* (Englewood Cliffs, N. J., Prentice-Hall, 1960)。

花在低收入家庭的购房上更好。医生不必问如果病人死了，社会是否会变得更好。

因此，传统的专业人员角色定义与有界理性高度一致，有界理性最适用于目标明确且有限的问题。但是，随着知识的增长，人们对专业人员的作用产生了怀疑。技术发展给专业人员带来了更多的帮助，使他们有能力产生更大和更广泛的影响。同时，他们对自己所设计方案的长期效果也有了更清楚的认知。

在某种程度上，专业人员角色的复杂性仅仅是知识增长的直接副产品。无论是修改专业规范，还是政府的直接干预，都给专业人员规定了新的义务，要求他们考虑到设计所产生的超出客户关注范围的外部影响和后果。

这些发展促使专业人员重新定义客户的概念。为个别病人工作的心理治疗专家变成了家庭咨询专家。工程师开始考虑新产品对环境的影响。最后，随着社会及其中央政府承担更多更广泛的责任，越来越多的专业人士不再为个人客户服务，而是直接受雇于政府机构。如今，几乎所有职业都在进行自我审视，因为它们承受着这些复杂的角色所产生的压力。建筑学、医学和工程学都表现出了这一过程所产生的压力。

专业人员与客户的关系

建筑师由于以下几种原因而感到为难。第一，因为建筑师是一个双重角色，既是艺术家也是专业人员，这两者所需要满足的需求并不一样。作为艺术家，他们希望实现美学目标，而这些目标可能与客户表达或理解的愿望完全无关。如果客户把自己当成一个（理想化的）文艺复兴时期的赞助人，可能就不会有什么困难，因为赞助人不会把他的美学观点强加给艺术家。但如果客户对建筑的态度带有功利性，他不愿意为了建筑师所认为的美而牺牲他所认为的有用性，那么，他们之间可能不会产生信任，甚至会出现相互欺骗。在最好的情况下，建筑师是老师或者倡导者，而并不仅仅简单是客户目标的执行者。

我曾经问过密斯·凡德罗（Mies van der Rohe）他是如何得到建造图根哈特别墅的机会的，他当时是我在伊利诺伊理工学院任教的同事。该建筑在当时是带有出众的现代色彩的设计。原来，图根哈特未来的房主在看了密斯早期初学建筑时在荷兰设计的非常带有传统风格的房子后曾来拜访过密斯。我问："当你把你的玻璃和金属设计放在他面前时，他是不是很震惊？""是的，"密斯说，他注视着手里的雪茄烟头，似乎在思考些什么，"起初他不是很乐意。可是后来，我们吸了几支上好的雪茄，又喝了几杯上好的莱茵酒……他开始对我的设计非常喜欢了。"

第二个原因，也是对于设计师来说越来越尖锐的问题，当他们承担整个综合建筑群或区域而不是单个建筑的设计任务时，他们的专业训练并没有为他们提供明确的设计标准。例如，在城市规划中，物理结构的设计与社会系统的设计之间几乎没有什么边界。由于在建筑技术的知识库或作品集中很少有专业人员有资格规划这样的社会系统，因此，设计的方法往往具有很强的特异性，几乎没有体现出专业共识的东西，更没有体现出基于经验的分析技术。

在医学专业中，人们感受到的压力稍有不同。第一种是资源分配问题，在医疗成本和质量之间必须达到某种平衡。传统上，病人得到他们能负担得起的治疗，或者医生有能力为他们提供治疗，我们可以从这两个方面来看。今天，大多数医疗服务的支付渠道是间接的，预算限制更难规定和监督，所以必须明确地做出以前默许的道德选择。

医疗护理和治疗设计中的第二个压力来自医疗技术的进步。医疗技术的进步使医生对生死的控制程度更多地超过了过去。因此，无条件选择挽救生命的传统观点不再受到质疑。随着改变遗传过程和操纵思想的新技术手段的出现，产生了更难解决的问题。在传统的专业人员与客户的关系中，客户的需求和愿望是给定的。人们改变环境（包括身体的功能）去适应客户的目标，而不是目标适应环境。不过，在理想状态下需要对两者都进行改变：要使社会更适合人类居住，但也要改造人类居民，使他们更适应社会。如今，在改善人类的道路上，我们遇到了很多棘手的问题。电影《发条橙》（*The Clockwork Orange*）生动地描述了这种矛盾，它向观众揭示了这样一个冲突：我们是否有理由为了防止恶性行为而摧毁人类任意行动的能力？

工程师的案例从另一个方面说明了技术力量的进步和技术长期影响意识所造成的后果带来的问题。大多数工程是在企业和政府组织的范围内进行的。在这种环境下，专业所定义的决策标准和政府组织所执行的决策标准之间仍然有可能发生冲突。第2章讨论的符合纯竞争理论的假想公司将优先采用组织标准。在我们实际生活的更复杂的世界中，专业工程师拥有很大的自由裁量权，可以将专业考虑优先于组织的目标。如果他们选择行使这种自由裁量权，他们必须决定谁是客户。特别是，他们必须决定他们所设计的人工物产生的积极和消极的外部因素中的哪些因素被纳入设计标准。

作为客户的社会

将客户与整个社会认作一体，问题就会变得非常清晰，这一点非常明显。在一个没有利益冲突或专业判断不确定的世界里，这将是一个明确的解决方案。但是，当冲突和不确定因素出现时，放弃有组织的社会对专业人员的控制，让他们自己去定义社会目标和优先事项，才是一种解决办法。如果需要对设计过程有一定的控制权，社会机构必须与专业人员共同重新规

211

划设计目标。

　　客户企图控制专业人员，不仅是通过设计目标来实现，还可以对专业人员所提出来的计划做出反应以达到控制目的。很多人都知道，医生开的药，病人不一定都吃完了。我们的社会作为一种客户，并不比病人听话多少。如果实施某种计划需要某种模式的人类行为，这种行为必须受到刺激。"这是为你好"这一套模式不大可能提供足够的激励。

　　制定计划的组织或社会成员并不是被动的工具，他们本身就是设计者，他们试图利用这个系统来推进自己的目标。组织理论处理这一激励问题的方法是考察向组织成员提供的发挥其作用的诱因与组织成员在这些诱因的作用下对实现组织目标做出的贡献之间的平衡。[①]

　　社会规划过程的表现形式与此类似，它将社会规划过程看作规划者和他们试图影响其行为的人们之间的博弈。规划者采取了行动（即实施他们的设计），而受其影响的人则改变自己的行为，以在变化的环境中实现他们的目标。社会规划的博弈性质在寻求经济稳定的政策方面表现得尤为明显，企业和消费者对货币政策和财政政策的适应性反应可能在很大程度上中和或

---

　　① 组织的生存与稳定取决于诱因与贡献之间是否平衡，参见 Chester I. Barnard, *The Functions of the Executive* (Cambridge：Harvard University Press，1938)。

否定这些政策。货币主义者（特别是"理性预期"理论家）声称，政府无法通过凯恩斯的标准货币政策和财政政策工具来影响就业水平，为减少失业而做出的努力只能引起通货膨胀。因为他们认为，公众对这些措施的反应将具有很强的适应性，并且反应很快。

除了经济学外，社会规划和政策讨论以任何系统的方式考虑人们可能对规划做出的博弈型反应仍然相对罕见。例如，在设计新的城市交通设施时，通常不会考虑到新设施本身可能造成的城市地区人口迁移。这种情况到最近也时常发生。然而，人们知道且观察这种现象已接近有半个世纪了。我们需要扩大社会规划技术的范围，使这种现象可作为正常情形包括进来。

社会设计中的组织

在介绍社会设计这一主题时，我以美国宪法为例。设立一些组织，不管是商业公司、政府组织、志愿团体还是其他组织，都是社会最重要的设计任务之一。如果我们人类是孤立的个体，是与外界隔绝的微小粒子，我们之间除了偶尔的弹性碰撞外没有任何相互关系，那我们就不必关心设计组织。但实际情况并不是这样的。从出生到死亡，我们能否达到目标，甚至能否生存下去，都同我们与社会中其他人之间的社会互动紧密相连。

雇用我们的组织和管理我们的组织强加给我们的规则以各种方式限制了我们的自由。但是，同样这些组织也为我们提供了实现目标和获得自由的机会，这些机会是我们无法通过个人努力所能实现的。例如，几乎每一个阅读本书的人的收入都远远高出世界平均水平。如果我们把我们的幸运归结为一个单一的原因，我们将不得不把它归因于我们出生于正好的时候、恰好的地方：我们生存在一个能够维持秩序（通过公共组织）、能够有效生产（主要通过商业组织）以及能够维持高生产所需的基础设施（同样主要通过公共组织）的社会中。我们甚至在我们的社会和其他一些社会中发现了如何设计不严重干涉我们的自由，包括言论和思想自由的商业和政府组织的方法。

这里不适合长篇大论地讨论私人和公共的组织设计，因为这方面已有大量的文献。[①] 但是，在关于社会结构设计的一章中，人们很难完全不提及政府和商业公司。一个社会的组织不仅是专门的专业问题，而且是广泛的公共问题。

现在，各组织，特别是政府组织，在我们的社会中名声极

---

① 对这些问题中某些问题的看法，以下文献做了深入探讨：H. A. Simon, *Administrative Behavior*, 3rd ed.（New York, NY：The Free Press, 1976）；H. A. Simon, V. A. Thompson and D. W. Smithburg, *Public Administration*（New Brunswick, NJ：Transaction Publishers, 1991）；J. G. March and H. A. Simon, *Organizations*, 2nd ed.（Cambridge, MA：Blackwell, 1993）。关于企业组织的性质，尤其是组织认同在维护组织方面的作用，见本书第 2 章。

差，"政客"和"官僚"已经不是用来描述的词，而是被用作贬义词。虽然俄克拉何马城的事件没有得到公众的认可，但人们普遍感到震惊的反应不是爆炸所表达的反政府态度，而是对杀戮行为的反应。在当前的美国信条中（在这个问题上，从开国元勋时代开始，在人们的信条中）存在不少无政府主义（通常被称为自由意志主义）。

因此，组织设计是任何社会设计课程中迫切需要关注的问题。组织是非常复杂的系统，与其他复杂系统有着许多共同的特性。例如，它们一般都是典型的层级结构。在第 7 章和第 8 章，作为复杂系统讨论的一部分，组织设计的问题将不时地再次出现，特别是在使用层级结构和"近可分解性"作为专业化的基础时。

设计的时空界限

我们每个人都坐在一个长长的黑暗的大厅里，一盏小灯投射的光圈笼罩着我们。灯光沿着门厅向两头穿透了几英尺的黑暗，然后迅速衰减下去，被围绕它的未来和过去的巨大黑暗冲淡。

我们对那黑暗感到好奇。我们向经济预测专家和气象预报专家请教，但我们也在向后寻找我们的"根"。几年前，我在我的父系祖先生活过的美因茨附近的莱茵兰村庄进行了这样的寻找。我很容易地就找到了祖父母的生平记载，甚至还找到了曾祖父母和他们更上辈的更多记载。但是，我还没探索多远，几乎还没有追溯到18世纪的时候，我就来到了光圈的边缘。黑暗再次笼罩在埃伯斯海姆、沃尔施塔特和帕滕海姆的小镇上，我看不到更加久远的情景了。

历史学、考古学、地质学和天文学为我们提供了射入过去的走廊的光束，它们可以穿透遥远的距离，却只能完整地照亮过去：这里的一位政治家或哲学家，那里的一场战争，一些被碎石碎片掩埋的原始人类的骨头，嵌在古老岩石中的化石，以及关于大爆炸的传闻，等等。我们怀着极大的兴趣阅读有关过去的文章。被光束捕捉到的几个点变得生动而直接，瞬间抓住了我们的注意力和情感。一些希腊战士在特洛伊城前安营扎寨；一个人被钉在十字架上；在石灰岩洞中的石壁上绘着的鹿在闪烁的炬光中闪现。可是这些形象多半都是模糊的，于是我们的注意力又回到现在。

在朝向未来的相反方向上，光线更迅速地变暗。尽管我们对《周日增刊》关于太阳降温的描述感到兴奋，但我们更关注的是我们自己的死亡，离我们死亡的时间还有多少年，而不是地球的灭亡。我们对我们熟悉及亲身接触过的父母与祖父母可以感同身受，在子孙方向我们也可以体验他们的感情。但超出这个范围，我们的关注更多的是求知和智力上的，而不是情感上的。我们甚至发现很难界定哪些遥远的事件是好事，哪些是坏事；谁是英雄，谁是恶棍。

"贴现"未来

因此，进入我们价值体系的事件和预期事件都是有期限的，我们对它们的重视程度一般会随着时间的推移而急剧下降。对于我们这些具有有界理性的生物来说，这实属幸事。如果我们对于远期结果和近期结果的依赖程度一样，我们将永远不能采取行动，会迷失在思考过程中。但是，只要赋予事件很大的贴现系数，使它们的重要性随时空的遥远程度衰减，我们就把选择范围减小到了与我们有限的计算能力相应的程度。我们保证，当我们将未来和世界的结果综合起来时，整体将趋同。

社会生物学家在他们对利己主义和利他主义的分析中致力于解释进化的力量是如何必然地使生物对其后代和亲缘的保护强于对不相关生物的保护。然而，这种进化论的解释并不能解释为什么人们对未来的担忧往往是短视的。对于这点至少有一部分解释是：我们无法有条理地思考遥远的未来，特别是无法思考我们行动造成的遥远的后果。这种只关心身边的事物的行为并不是适应性行为，而是我们适应力有限的一种表现。它是内部环境对适应性的限制之一。

经济学家用利率来表示这种对未来的贴现。为了找到未来1美元的现值，经济学家应用了一个复合贴现率，使美元从现在开始时间每前进一步就缩小一个固定的百分比。即使是很小的利率，过一百年后，最后的数字还是相当惊人的。相关文献有很多，但都不具有很强的说服力。是什么决定了储蓄者使用的时间贴现率？（考虑到风险和通货膨胀而做适当调整后，贴现率现已上升到非常稳定的年率 3％左右，这个年率已经很高了。）还有相当多的文献试图确定社会利率应当是多少，即这一代人的福利和其后代的福利之间的兑换率应是多少。

利率不应与使未来的重要性相对于现在打折的折扣系数混淆。即使我们知道在遥远的将来会发生某些不利的事件，今天也可能对此无能为力。如果我们知道小麦将在遥远的未来歉收，我们从现在就储存小麦是不明智的。我们对遥远的未来不关心，不仅是因为我们无法设身处地地为后人着想，而且是因为我们认识到：（1）我们很可能无法预见和计算我们的行动在未来很短的一段时间内的后果；（2）这些后果在任何情况下都是分散的而不是具体的。

我们对未来做出的重要决定主要是关于支出和储蓄的决定，即我们应如何安排生产以满足现在和未来的需求。而在储蓄中，我们把灵活性算作投资对象的重要属性之一，因为灵活性保证了这些投资的价值，使其免受肯定会发生但我们无法预测的事件的影响。它将（或应该）使我们的投资偏向于可以从一种用途转向另一种用途的结构，偏向于足够基本的知识，而不是很快就会过时的知识，这些知识本身就可以为继续适应不断变化的环境提供基础。

时间视角下的变化

20 世纪一个值得注意的特点是，我们的时间观似乎正在发生变化，特别是在工业化世界。例如，在我们今天面临的能源-环境问题中，我们可以看到三个几乎相互独立的问题：第一个问题是我们对石油的直接依赖，我们必须减少对石油的依赖，以保护自己免受政治讹诈，以实现国际收支平衡；第二个问题是石油和天然气供应枯竭的前景，这个问题主要通过使用煤炭和核能来解决且必须在大约一代人的时间里解决；第三个问题是化石燃料的枯竭及其燃烧对气候的影响。这第三个问题的时间尺度是一个世纪左右。

在我们这个时代值得注意的（我相信比较新颖的）现象是我们对第三个问题的高度关注。也许只是我们心里把这三个问题都混淆了，没有把它们区分清楚，以至于可以顾此失彼地只去想更紧迫的问题。但我认为这不是真正的原因，我认为我们对那些在时间和空间上遥不可及的事件所采用的社会利率已经出现了真正的下降。

有一些明显的原因使我们对时空上遥远的事情有了新的关注。其中一个重要原因是一些相对较新的事实，现在即时通信和快速空运把全世界联系起来了。第二个原因是所有国家在经济和军事上的相互依赖性不断增强。比上述任何一个原因更微妙的是人类知识的进步，特别是科学的进步，这都会产生影响。我已经评论过考古学、地质学、人类学和宇宙学等学科的发展如何拓宽了我们的视野。除此之外，新的实验室技术极大地提高了我们检测和评估我们行动所产生的间接微弱影响的能力。王尔德（Oscar Wilde）曾说过，泰晤士河上没有雾，直到透纳（Turner）通过绘画让伦敦居民看到了这些雾。我们也可以说，我们的大气层中也没有百万分之几的有害物质，直到色谱法和其他敏感的分析技术显示出有害物质存在并对其进行测量让我们知道大气层中确实存在有害物质。我们在隼卵和鱼体内发现DDT之前，也认为DDT是完全有益的杀虫剂。如果说吃苹果向我们揭示了善与恶的本质，那么现代分析手段则教会了我们如何在微小的数量和巨大的时空距离上分辨善恶。

可能有人反对说，不存在我所说的那样延长社会时间的观点。有什么比基督教思想中如此核心的死后永生更长久，比东方宗教中的反复轮回更长久的呢？但这些信仰所产生的对未来的态度，与我所讨论的有很大的不同。在这些宗教信仰中，我没有发现任何类似于当代对人类赖以生存的脆弱环境的关注或者是对人类行为的力量在未来使环境更适合或更不适合居住的关注的东西。因此，我们对时间的取向确实发生了真正的转变，时间观念极大延长。

定义进步

随着因果关系联系越来越紧密，想要处理这些未来将会出现的结果，我们的规划和决策程序就承受了沉重的负担。在我们的新科学和新知识中，有一部分能让我们看到更远的未来，而另一部分则能让我们处理我们所看到的现实，两者之间不断交替运行。如果我们生活在一个有时对技术持悲观态度的时代，那是因为我们学会了看得更远，而不是仅限于我们的手臂所能到达的地方。

给人类社会的进步下定义并不容易。越来越成功地满足人类对食物、住所和健康的基本需求是大多数人都会同意的一种定义。另一种定义是人类幸福的平均增长。随着生产技术的进步，我们可以说按照第一种标准我们已经取得了重大进步；但第 2 章中关于愿望水平不断变化的论述会使我们怀疑，如果我们用第二种标准，即人的幸福感来衡量，进步是否可能。没有理由认为，现代工业社会比之前的简单社会（如果说更简陋的话）更让人感到幸福。此外，人们有时表现出来一种怀旧，怀念那些更幸福或更有人文情怀的往事，但这种怀旧似乎没有什么经验事实作为基础。

衡量进步的第三种方法是用意图而不是结果来衡量，即所谓的道德进步。道德进步总是与对普遍价值做出反应的能力联系在一起，以便同等重视全人类现在和将来的需要和要求。也可以认为，我所讲述的这种知识增长也代表了道德方面的进步。

但是，我们不应草率地评价空间或时间视角延长的后果。在当今世界，人与人之间不人道的事情屡见不鲜。我们还必须警惕这样一种可能性：将理性应用于更广阔的领域，仅是一种比过去冲动的自私更深思熟虑的理性自私。

注意力管理

从现实角度来看，我们关注未来是为了确保一个令人满意的未来，可能需要在当前采取行动。对未来的任何兴趣若不能对现在的行动产生影响，那也只是出于纯粹的好奇。它属于我们的娱乐，而不是我们的工作日。因此，我们现在对短期能源问题的关注，与我们对长期问题甚至中长期问题的关注是完全不同的。如果我们要改善短期状况，我们今天必须采取的行动主要是降低我们对能源的耗用量，因为短期内大幅增加能源供应的前景不大。对于中期问题，我们必须采取的行动主要是大规模地发展和开发一些混合技术，如煤的转化、油砂和页岩的开采以及安全的核裂变或核聚变。在长期能源问题上，我们现在可以采取的主要行动是获取知识，研究开发核聚变和太阳能技术的项目，并对所有替代方案的环境后果有更深入的了解。

能源问题是比较典型的大型设计问题。除了我们所能做的产生直接后果的事情之外，我们还必须预见到开发新资本工厂所涉及的时间滞后问题，以及开发我们在更遥远的将来需要的技术和其他知识所涉及的更多的时间滞后问题。决策组织应该合理地按需分配自己的精力。

关注当下的需求，而不是关注对新资本投资或新知识的需求，这是一种常见的组织现象。总日程排得越紧，紧急情况越是频繁出现，中长期决定就越有可能被忽视。在正式的组织中，人们往往通过建立规划机构来解决这种状况，这些机构采取各种方式与组织所面临的当前压力绝缘。这种规划机构面临着两种风险：一方面，特别是如果它们的人员配备得当，人们可能会越来越频繁地就眼前问题向其咨询以寻求帮助，最后它们将被纳入运营组织中，无法再履行其规划职能；另一方面，如果它们采取与组织的其他成员之间隔绝的方式来防止这种情况发生，那又会发生反向通道被堵塞的情况，也就是它们可能无法影响运营组织的决策。没有简单或自动的方法可以一劳永逸地消除这些困难。它们需要组织领导层的反复关注。

无最终目标的设计

谈到没有目标的规划，可能会让人觉得自相矛盾。[①] "显然"，理性的概念本身就蕴含着思想和行动所追求的目标。如果我们没有明确的标准来评判一个设计，我们怎么能对它进行评价？如果没有这样的标准来指导设计过程，设计过程本身怎么能进行？

在第 4 章关于发现过程的讨论中，已经对这些问题给出了一些答案。我们在那里看到，仅以"趣味性"或新颖性等最一般的启发式方法为指导的搜索是完全可以实现的。这种为科学发现提供机制的搜索，也可能为社会设计过程提供最合适的模式。

人们普遍认为，要想在音乐方面获得新的品味，一个好方法就是多听音乐；在绘画方面，就是多看画；在葡萄酒方面，就是多喝好酒。接触新的经验几乎一定会改变选择的标准，大多数人类都会刻意去寻找这种经验。

对于设计目标，有一种似是而非但可能是现实的观点，即

---

① 本节内容很大程度上归功于马奇（James G. March），他在这方面有深刻的见解，可参阅"Bounded Rationality, Ambiguity, and the Engineering of Choice," *Bell Journal of Economics 9* (1978)：587 – 608。

它们的功能是促进活动，而这些活动又会产生新的目标。大约50年前，当匹兹堡市开始进行大规模的重建计划时，该计划的一个主要目标是重建城市的中心金三角。建筑师们对所进行的规划的美学品质有很多评价，有赞成的，也有反对的。但这种评价基本不在重点上。复兴计划的第一步主要是证明在这块土地上创造一个有吸引力的、功能完善的中心城市的可能性，随后的许多建设活动改变了整个城市的风貌和居民的身心状态。

如果问后期的发展规划是否与最初的一致，是否实现了最初的设计，这个问题也不是重点。计划的每一步实施都产生了新的情况；而新的情况又为我们提供了一个新的设计活动。实现复杂的设计需要经过很长的时间，并在实施过程中不断修改，这与油画有许多共同之处。在油画绘画过程中，铺在画布上的每一种新的颜料点都会创造出某种图案，它能持续地为画家提供新的内容。绘画过程是画家与画布之间循环互动的过程，在这个过程中，当前的目标导致了新的颜料应用，而逐渐变化的图案则暗示了新的目标。

出发点

达到最终目标的想法与我们预测或决定未来的有限能力是不相符的。我们行动的真正结果是为下一个行动阶段创造初始条件。我们所说的"最终"目标，其实是我们将留给后人选择初始条件的标准。

我们想给下一代留下怎样的世界？为他们提供哪些好的初始条件？我们需要一个能为未来的决策者提供尽可能多的选择的世界，这个世界需要避免做出让未来的决策者无法挽回的重大决定。正是由于核能部署的许多决定笼罩着不可逆转的光环，这些决定才如此困难。

第二个需求是留给下一代决策者更好的知识体系和更丰富的经验能力。这里的目的是让他们不仅能够更好地评估各种选择方案，更是能够以更加丰富的方式来体验世界。

贝克尔（Becker）和斯蒂格勒（Stigler）认为，在不放弃固定目标的想法的情况下，我所提出的那种考虑是可以接受的。[①] 他们说，这里所需要的只是以足够抽象的形式来定义从行动中获得的效用。在他们的方案中，听一小时音乐所获得的效用会随着一个人鉴赏音乐的能力的提高而增加，而这种鉴赏能力是一种资本，曾经听过的音乐越多，这种能力越强。虽然我觉得他们的说法有一点枯燥，但是，这种方式或许使有关没有目标的理性行为的想法变得可以理解。如果人类享受和欣赏生活的能力是可以改变的，那么为投资我们未来的享受能力所做的社会决定也是完全可以理解的。

---

① G. J. Stigler and G. S. Becker，"De Gustibus non est Disputandum," *American Economic Review*，67 (1977)：76-90.

设计是有价值的活动

在创作新的设计时会产生新的目标，与此相似的是，计划目标本身也是一种设计活动。设想各种可能性并将其讲述清楚的行为本身就是一种令人愉悦又有价值的体验。正如已经实现的计划可能会给我们带来新的体验一样，设计过程中的每一步都会产生新的可能性。设计是一种精神上的购物。不一定要购买才能从中获得乐趣。

有时对现代科学技术的一种指责是，如果我们知道如何做某事，我们就会忍不住去做。尽管人们可以举出反例，但这种说法还是有一定道理的。然而，我们可以设想，在未来，我们对科学和设计的主要兴趣将在于它们教会我们关于世界的东西，而不是它们允许我们对世界做些什么。设计就像科学一样，既是理解的工具，也是行动的工具。

社会规划与进化

没有固定目标的社会规划与生物进化过程有许多共同之处。社会规划和进化差不多，都不会想得很长远。放眼未来，它试图创造一个比现在更好（更适合）的未来。在这样做的过程中，它创造了一个新的情况，这个过程随后被重复。在进化论中，没有定理能从这种短视的爬坡中提取出长期的发展方向。实际上，进化生物学家对于假设发展方向或者引入任何"进步"的概念都十分谨慎。根据定义，那些生存下来并繁衍下去的便是最适应环境的。

进化过程是否有一个长期的方向，以及这个方向是否可以被视为进步是两个不同的问题。进化可能确实按照某种方向进行，但这种方向并不能代表进步。我大胆对社会进化和生物进化的方向做一个推测（我将在接下来的两章中进一步展开这个问题）。我推测这种方向并不是关于进步的。

从对进化史的解读来看，不管是生物史还是社会史，人们都可以推测出，进化的多样性和复杂性是一个长期的趋势。现已知世界上的原子有一百多种，无机分子有几千种，有机分子有几十万种，生物体有几百万种。人类已经发展出了几千种不同的语言，现代工业社会专业化职业数以万计。

在接下来几章我会强调，这种方式会产生各种各样的形式，因为复杂的东西都是由简单的东西组合而成的。可供建造的构件越多，种类越丰富，可生成的结构就越复杂。

如果存在这样的多样化的趋势，那么进化并不是一系列争夺一些特定的环境生态位的竞争，那些在竞争中胜利的有机体最适合生存在这个环境生态位。相反，进化会使生态位增多。大多数生物体所适应的环境，主要是由其他生物体形成的，人类所适应的环境，主要是由其他人类形成的。每一种新的鸟类或哺乳动物都为一种或多种新的跳蚤提供了一个小的生存环境。

布什（Vannevar Bush）认为科学是"无尽的前沿领域"。它可以是无止境的，人类社会的设计过程和进化也是如此，因为世界上的多样性也是没有限制的。通过对一些原始元素的组合，可以创造出无穷尽的变化。

社会设计课程体系

对以上社会规划过程的研究提示我们可对上一章提出的设计课程进行一些扩展。"设计问题的表象"主题必须扩展到将组织构建为问题表象框架的能力、围绕限制因素构建表象的能力，以及表示非量化问题的能力。我们的讨论还提出了至少 6 个新的课程主题：

（1）有界理性。当环境的复杂性远远大于自适应系统的计算能力时理性的意义。

（2）用于规划的数据。预测的方法，预测和反馈在控制中的运用。

（3）识别客户。专业人员与客户的关系，作为客户的社会，作为博弈者的客户。

（4）社会设计中的组织。社会设计不仅主要是由在组织中工作的人进行的，而且设计的一个重要目标是塑造和改变整个社会组织，特别是塑造和改变一些特定组织。

（5）时空界限。"贴现"未来，定义进步，注意力管理。

（6）无最终目标的设计。设计时为未来的灵活性考虑，以设计活动为目标，设计一个不断发展的系统。

除了控制论和博弈论［它们对主题（2）和主题（3）最为重要］，与这些附加主题相关的设计工具通常没有我们在前一章中描述的那么正式。但不论是否有我们所需要的形式化工具，这些主题对于社会设计过程都是至关重要的，不能在设计课程体系中忽略或省略它们。

我们的时代是一个人们不愿意表达他们的悲观和忧虑的时代。同时，人类确实面临着许多问题。这样的问题一直都存在，但也许并不总是像我们今天这样敏锐地意识到这些问题。如果我们认识到我们不必解决所有这些问题，我们可能会更加乐观。可以肯定的是，对于我们非常重要的是在未来仍然能够开放式地选择，或者是通过创造新的多样性和生活环境来拓宽我们的选择。我们的子孙只能要求我们给他们和我们一样的冒险机会，去追求新奇有趣的设计。

7

有关复杂性的不同观点

　　本书前面几章讨论了几种人工系统。我们特别研究过的例子包括经济系统、商业公司、人类思维、复杂的工程设计和社会规划，复杂程度从中等复杂到极端复杂都有（复杂程度不一定与我刚列出的顺序一致）。最后这两章将更全面地讨论复杂性的问题，看看它对上述系统和当今世界中的其他大型系统的结构和运行有何启示。

复杂性的概念

　　自20世纪以来，人们对复杂性和复杂系统的兴趣不断高涨。第一次世界大战后，"整体论"一词的早期爆发催生了对"格式塔"和"创造性进化"的兴趣。第二次大爆发是在第二次世界大战后，最受欢迎的术语是"信息""反馈""控制论""一般系统"。在当前的爆发中，复杂性通常与"混沌""自适应系统""遗传算法""细胞自动机"联系在一起。

　　在关注复杂性的同时，这三次爆发选择了复杂性的不同侧面给予特别关注。一战后对复杂性的兴趣集中在整体超越部分之和的主张上，具有强烈的反还原主义色彩。二战后的大爆发在还原论问题上是相当中立的，着重于反馈和稳态（自我稳定）在维持复杂系统中的作用。目前对复杂性的兴趣主要集中在创造和维持复杂性的机制以及描述和分析复杂性的分析工具上。

整体论与还原论

"整体论"的思想已经存在很久了，但这个名字却很新。南非政治家和哲学家史末资（J. C. Smuts）创立了"整体论"这个词，用他的话来说：

> （整体论）视自然物为整体……它将自然界看作是由分立的、具体的物体或事物组成的……（这些事物）不能完全被分解为部分，并且大于其部分之和，将其组成部分机械地堆积在一起并不能产生这些事物，也不能解释其性质和行为。[①]

整体论可以给出较弱或较强的解释。将它应用于生命系统，"将其组成部分机械地堆积在一起并不能产生这些事物，也不能解释其性质和行为"的强烈主张揭示了一种与现代分子生物学完全相反的活力论。特别地，将它应用到思维上，整体论被用来支持机器不能思考和思考不涉及神经元的排列和行为的主张。将它应用于一般的复杂系统，整体论假定了新的系统特性和子

---

① J. C. Smuts, "Holism," *Encyclopaedia Britannica*, 14th ed., vol. 11 (1929), p. 640.

系统之间的关系，而这些特性和关系在系统组件中并不存在。因此，它要求"突现"一个"创造性"的原理。突现的机械论解释并不被人接受。

在一个较弱的解释中，突现仅仅意味着一个复杂系统的各个部分之间存在着相互关系，而这些相互关系对于孤立的部分来说并不存在。因此，只有当两个或两个以上的天体相互作用时，天体之间才会有引力。我们可以了解到双星的（相对）引力加速度，但对于孤立的恒星却不能了解这些情况。

同样地，如果我们只研究单个蛋白质的结构，那么没有任何迹象预示一个蛋白质分子，作为一种酶，可以提供一个模板，让另外两个分子在发生连接它们的反应时将自己插入其中。这个模板体现了酶真实的物理属性，只有它被放在其他由某种类型的同类分子组成的环境中时，它才会发挥作用。

即使模板的功能是"突现"的，对于分离的酶分子没有任何意义，但结合过程和其中所涉及的力，可以根据参与它的分子的已知物理化学性质给出一个完全还原论的解释。因此，这种微弱的突现形式即便对最热心的还原论者也不会造成任何问题。

"弱突现"的表现形式是多种多样的。在描述一个复杂的系统时，我们常常会发现引入一些新的理论概念（如力学中的惯性质量、电路理论中的电压）去描述那些不能被直接观察到，但由可观察物之间的关系所定义的量是很方便的。[①] 我们可以经常使用这样的术语来避免提及组件子系统的细节，只提及这些子系统的总体属性。

例如，欧姆建立了他的电阻定律，他构建了一个电路，其中包含一个电池，可以驱动电流通过一根电线，还有一个电流表，用来测量电流产生的磁力。通过改变电线的长度，他改变了电流。电线长度（电阻）与电流表记录下的力（电流）之间的关系式包含两个常数，这两个常数与电线的长度无关，但是若换一种电池，这两个常数就会改变。这两个常数被命名为电池的电压和内阻，它们在其他情况下是不被分析的，被当作一个"黑匣子"处理。电压和内阻不是直接测量的，而是根据欧姆定律从测量的电阻和电流所推导出来的理论术语。

当研究组件在整个系统中的交互作用时，通常可以忽略组件的细节，但是，在忽略子系统之间的（较慢的）相互作用的情况下，各个子系统的短期行为往往可以被详细描述。在经济学中，我们经常在假设其他所有供求关系保持不变的情况下研究密切相关的市场之间的相互作用，例如铁矿石、生铁、钢板和钢铁产品市场之间的作用。在下一章中，我们将详细讨论层级系统与其组成子系统的细节之间的近乎独立性，以及子系统

---

① H. A. Simon, "The Axiomatization of Physical Theories," *Philosophy of Science*, 37 (1970), 16 - 26.

与整个系统缓慢运动之间的短期独立性。

通过采用这种对突现的弱解释，我们可以在原则上坚持还原论，尽管从部分属性的知识中严格地推断出整体的属性并不容易（通常甚至在计算上都不可行）。以这种务实的方式，我们可以为每一个连续的复杂性层次建立近乎独立的理论，但同时也要建立桥接理论，说明每一个更高层次的理论如何用下一个层次的元素和关系来进行说明。

当然，这就是通常的科学概念，即从基本粒子开始，通过原子和分子，再到细胞、器官和生物体，向上建立。然而，实际的历史往往是以自上而下的相反方向展开的。我们在第 1 章中已经观察到我们通常是如何把科学理论放在很高的位置的。

控制论和一般系统论

在二战期间和刚刚结束的时期，维纳（Norbert Wiener）称为"控制论"的理论不断涌现。控制论是伺服机制理论（反馈控制系统）、信息论和现代存储程序计算机的结合，所有这些分支领域都对复杂性提供了新的见解。信息论用熵（无序）的减少来解释有组织的复杂性，当系统（例如生物体）从外部吸收能量并将其转化为模式或结构时，就会实现熵的减少。在信息论中，能量、信息、模式都对应负熵。

反馈控制显示了系统如何朝着目标工作并适应不断变化的

环境，从而消除了目的论的神秘感。① 我们需要识别目标的能力，以及识别现状与目标之间差距的能力，并需要对减少这些差异采取行动，准确地说，就像一般问题解决者这样的系统所包含的能力。很快，这种洞察力就被应用于建造能够在房间里自主移动的小型机器人。② 随着计算机的出现，人们有可能开发出可以达到以前从未想过的复杂程度的系统；由于计算机能够解释和执行自己内部存储的程序，因此计算机开启了人工智能的研究。

这些发展既鼓励了对复杂系统的研究，特别是对"作为整体"的适应性目标导向系统的研究，又鼓励了用机制来解释系统特性的还原论。人们以一种前所未有的方式使整体论与还原论进行了对抗，这种对抗今天仍在人工系统的哲学讨论中延续。

在战后的那些日子里，人们提出了许多关于发展"一般系统论"的建议，这些理论从物理、生物或社会系统的特殊性质中抽象出来，适用于所有系统。③ 我们可能会觉得，虽然这个目标值得称赞，但很难指望这些不同种类的系统有任何共同的

---

① A. Rosenblueth, N. Wiener and J. Bigelow, "Behavior, Purpose and Teleology," *Philosophy of Science*, 10 (1943), 18 - 24.

② W. Grey Walter, "An Imitation of Life," *Scientific American*, 182 (5) (1950): 42.

③ 特别请参阅一般系统研究学会的年鉴。一般系统论的杰出代表有拜尔陶隆菲（L. von Bertalanffy）、博尔丁（K. Boulding）、杰拉德（R. W. Gerard），以及仍然积极参与这项工作的米勒（J. G. Miller）。

重要特性。比喻和类比也许有帮助，但也可能误导人们。这一切都取决于比喻所捕捉到的共性是否意义重大。

如果说一般系统论是一个宏大的目标，那么在广泛的复杂系统中寻找共同的性质可能还是会有所收获。以控制论为名的思想即使不是一种理论，至少构成了一种观点，这种观点在广泛的应用中被证明是卓有成效的。[1] 从反馈和稳态的角度来看自适应系统的行为，并将选择性信息理论应用于这些概念，一直对我们非常有用。[2] 反馈和信息的概念为观察广泛的情况提供了一个参考框架，正如进化论、相对论、公理方法和操作论的思想一样。

第二波复杂性研究的主要贡献恰恰在于它所引起的更具体的概念，而不是一般系统论的广泛思想。这种观点将在下一章予以说明，该章着重讨论了那些在结构上具有层级性的特殊复杂系统的性质，并指出了强层级假设（或我将称之为近可分解性）对系统行为的影响。

---

[1] N. Wiener, *Cybernetics* (New York: Wiley, 1948). 关于一个富有想象力的先驱，参见 A. J. Lotka, *Elements of Mathematical Biology* (New York: Dover Publications, 1951), first published in 1924 as *Elements of Physical Biology*。

[2] C. Shannon and W. Weaver, *The Mathematical Theory of Communication* (Urbana: University of Illinois Press, 1949); W. R. Ashby, *Design for a Brain* (New York: Wiley, 1952).

目前对复杂性的兴趣

现在的这一波浪潮，也就是第三波浪潮，对复杂性的研究与第二波有很多相似之处。此次人们对复杂性进行研究，主要原因是为了理解和处理我们这个世界上的大型系统（其一是环境，其二是我们人类创造的世界性社会，其三是生物体）与日俱增的需求。但是，如果不提供新颖的思考方式，这种动机本身并不能吸引人们长久地关注复杂性。除了在第二波浪潮中出现的工具和概念之外，现在已经出现了其他新的思想，以及相关的数学和计算算法。这些思想有诸如"突变""混沌""遗传算法""细胞自动机"等标签。

如同以往一样，这些标签倾向于有自己的生命。"突变"和"混沌"这种不详的语气说明了这些概念被命名时所处的时代的焦虑特征。然而，它们作为概念的价值并不取决于它们所唤起的修辞，而是取决于它们对复杂问题给出具体答案的能力。对于上面列出的具体概念，其价值还没有定论。我想对其中的每一个概念进行简单的评论，因为它们是我将在下一章论述的层次复杂性方法的替代和补充。

突变论

突变论这一概念大概是在 1968 年出现的，当时引起了巨大的轰动，但在随后几年里便从公众视野中消失了。^① 它是一套坚实的数学理论，其任务是根据非线性动态系统的行为模式对其分类。突变事件发生在一种特殊的系统中。这种系统可以假定两个（或多个）不同的稳定状态（如静态平衡或周期性循环）；但当系统处于其中一种状态时，系统参数的适度变化可能使其突然转向另一种状态或进入变量无限制增加的不稳定状态。数学家汤姆（R. Thom）根据二变量和三变量系统所能经历或不能经历的突变种类，构建了二变量和三变量系统的拓扑分类。

我们不难想到，自然系统会表现出这种稳定的行为，然后突然转向不平衡或另一种完全不同的平衡状态。一个常用的例子是受到威胁的狗，它要么迅速发起攻击，要么迅速逃跑。人们也研究了一些更复杂的例子，比如，卷叶蛾种群侵袭一片云杉林的过程。快速繁殖的卷叶蛾迅速达到最大密度的平衡；但云杉林缓慢的持续增长逐渐改变了卷叶蛾的数量限制，直到超过一个临界的森林密度，卷叶蛾又会再次爆炸式繁殖。^② 人们可以想象出体现类似机制的人类革命模型。

在创造突变论的环境中，突变机制是有效的，有关的比喻

① R. Thom, *An Outline of a General Theory of Models* (Reading, MA: Benjamin, 1975).

② 关于卷叶蛾/云杉林模型，参见 T. F. H. Allen and T. B. Starr, *Ecology: Perspectives for Ecological Complexity* (Chicago, IL: University of Chicago Press, 1982)，以及其引用的参考文献。在下一章，我们将看到同样的例子可以被描述为一个早期的近可分解系统。

可以让我们更直接地认识到这些机制，但是实际上，能让我们进一步进行研究的情形并不多。触动公众想象力的大多数初始应用（比如攻击或逃跑的狗）都是事后对已经熟悉的现象的解释。由于这个原因，突变论在今天的公众心中和复杂性文献中的地位远不如 25 年前那么显著。

复杂性与混沌

混沌理论也有着非常坚实的数学基础，历史悠久，可上溯至庞加莱（Poincaré）时代。[①] 混沌系统是确定性的动态系统，如果它们的初始条件受到非常微小的干扰，它们的路径可能会彻底改变。混沌系统很难进行数学处理，尽管有少数追随庞加莱的法国数学家以庞加莱的传统工作来保持这一学科的活跃，但直到 20 世纪中期以后，他们的研究才取得了有限的进展。取得新进展的一个主要原因是现在可以利用计算机演示和探索混沌行为。

慢慢地，很多科研人员怀疑那些他们希望理解的现象从技术层面上讲都是混沌的。气象学家洛伦茨（E. N. Lorenz）是最先认识到这一点的科研人员之一。他在 20 世纪 60 年代初开始探讨天气是一种混沌现象的可能性，新加坡的蝴蝶通过扇动翅

---

① H. Poincaré, *Les Methodes Nouvelle de la Méchanique Céleste* (Paris: Gauthier-Villars, 1892).

膀,有可能在纽约引起一场雷雨。很快,人们开始从混沌的角度来讨论一般情况下的流体湍流,并研究了在许多物理和生物系统的复杂行为中可能存在的混沌现象。20 世纪 70 年代末出现了确凿的实验证据,证明特定的物理系统确实存在混沌的行为。[①]

对混沌的关注度的增长必须以我们对动态系统的总体理解为背景。很长一段时间以来,我们对线性微分方程系统及其闭式解有一个相当普遍的理论。对于非线性方程组,情况就不那么令人满意了。在特定的简单边界条件下,已知许多重要的非线性偏微分方程组的解,这些方程组反映了各种波动的规律。但除这些特殊情况外,我们的知识仅限于定性分析局部行为的稳定性或不稳定性,以便将可实现状态空间划分为离散区域。在每一个这样的区域,特定的行为(例如趋向平衡、逃离不稳定平衡、极限环中的稳态运动)就会发生。[②]

这是非线性分析的标准教科书的基本内容,除了这些定性概括外,复杂的非线性系统还必须主要通过计算机进行数值模拟来进行研究。在过去的半个世纪里,大部分大型计算机和超

---

① P. Cvitanović(ed.), *Universality in Chaos* (Bristol: Adam Hilger, 1986) 精选了直至 20 世纪 80 年代中期的有关混沌主题的文献,包括数学类的和实验类的文献。

② A. A. Andronov, E. A. Leontovich, I. I. Gordon and A. G. Maier, *Qualitative Theory of Second-Order Dynamic Systems* (Wiley, NY: 1973)。

级计算机一直忙于对偏微分方程系统进行数值模拟，偏微分方程可以对飞机、原子反应堆、大气、湍流系统等的动力学特征进行一般描述。由于在教科书中通常不讨论混沌系统，在处理这种现象时，当时的非线性系统理论只在集总和非常近似的层次上提供了很少的帮助。

在这种情况下，20世纪70年代末和80年代初，计算机产生的关于混沌的新发现在许多领域引起了极大的兴趣和兴奋。在这些领域，人们已经怀疑某些现象是混沌的，因此认为用新理论来理解它们也许更好。简单非线性系统的数值计算揭示了不被怀疑的不变量（"通用数"），这些不变量预示着，它预测了范围广泛的这类系统在什么时候会从有序行为转变为混沌行为。[①] 在高速计算机出现之前，这些规律是发现不了的。

现在人们已经对混沌的许多方面有了深入的认知，但是这并不意味着人们可以做好预测。混沌使人们认识了"奇异吸引子"这个新的广义的关于平衡的概念。在经典的非线性理论中，一个系统可能会达到一个稳定的平衡状态，也可能会像行星的轨道一样在一个极限环内永久振荡。然而，混沌系统也可能进入其状态空间的一个区域（奇异吸引子），它将永久停留在奇异

---

① M. J. Feigenbaum, "Universal Behavior in Nonlinear Systems," *Los Alamos Science*, 1（1980）：4-27。这篇文献和20世纪70年代至80年代期间关于混沌的其他"经典"文献都被重印收入了P. Cvitanovic主编的著作中。

吸引子内，运动不会停止，也无法预测，虽然运动是确定性的，但会显得很随机。也就是说，若进入奇异吸引子的方向稍有不同，或者在奇异吸引子中稍有扰动，都会导致系统进入完全不同的路径。若一个台球正好以 45°的角度出击，穿过一个"理想"的正方形台球桌，它会在三条桌边反弹，回到起点，并永远重复这一矩形路径。但是若击球角度比 45°略大一点儿或略小一点儿，则球永远不会回到起点，而是会随着你的意愿追寻接近球桌任何位置的一条路径。球桌的整个表面已经成为混沌行为的奇异吸引子，几乎相等但略有差异的初始角度出击将产生连续的发散路径。

混沌理论在 20 世纪 60 年代初到 80 年代末迅猛发展，但后来并未保持这样的发展速度，在这快速发展的时期，它确立了自己作为研究一类系统的基本概念框架和数学工具的地位，这类系统在一些科学领域具有重要的现实意义。混沌理论机制比突变论更为普遍，应用范围也更广。因此，我们可以预期，在持续研究复杂系统的过程中，混沌理论会继续发挥比突变论更重要的作用。

突变世界或混沌世界中的理性

突变和混沌对我们前 6 章讨论过的系统经济、人类思维和设计复杂的系统有什么影响？尽管有人试图发现经济时间序列数据中的混沌现象，但迄今为止还没有定论。我不知道大脑中是否存在混沌现象，但越来越多的证据表明，混沌在正常的心脏和有缺陷的心脏的工作中都发挥了作用，尽管仍然是一个不明确的作用。设计师经常建造能够产生并成功应对湍流和其他类型的混沌现象的系统（如飞机和轮船）。

根据这些证据，我们既不应该假设我们在世界上遇到的所有复杂系统都是混沌的，也不应该假设它们中很少有混沌系统。此外，正如飞机的例子所显示的那样，"混沌"这个不太吉利的词不应该被理解为"无法控制"。在水力学和气体动力学的环境和人工物中经常会出现湍流现象。在这种情况下，尽管无法详细地预测未来，但是未来作为聚集现象是可以被控制的。众所周知，龙卷风和飓风的路径是非常不稳定的，但短期内又很稳定，以致我们通常可以在它们袭击我们之前得到警告并到达避难所。

自牛顿以来，天文学家已经能够计算出两个相互产生引力的天体组成的系统的运动。对于三个或三个以上的天体，他们最多只能对系统运动进行近似估计。而且事实上，现在有充分的理由相信，三个或更多天体的引力系统，包括太阳系，都是混沌系统。但是，我们没有理由认为，混沌性就预示着不好的结果。它的存在仅仅意味着天文学家在试图预测行星的确切位置时会在相当长的一段时间内受挫，这种困惑和气象学家在预测天气时所经历的困难一样令人沮丧。

最后，人们在设计反馈装置来"驯服"混沌方面已取得实质性进展，混沌系统在奇异吸引子内运动时，将其局限在一个预设性质的小范围内，这样的混沌状态就是可以接受的了。这些装置提供了用控制代替预测的例子，与前几章讨论的思想是一致的。

复杂性与进化

当前对复杂系统的研究主要集中在复杂性的突现上，即系统进化。引起特别关注的两种进化的算法分别是霍兰德（Holland）早期探索的遗传算法和细胞自动机的计算机算法，后一种算法模拟生物体的繁殖和竞争，玩所谓的"生命游戏"。

遗传算法。从进化的角度来看，一个生命体可以用一个特征列表或特征矢量（其基因）来表示。进化以生存的适应性来评估这个矢量。从一代到另一代，一个物种的特征及特征组合在物种成员中的频率分布通过有性繁殖、交换、反转和突变等发生改变。自然选择使得那些有助于高适应度的特征和特征组合比有利于低适应度的特征和特征组合更快地繁殖，并最终取代它们。

通过在现代计算机上对这一抽象概念进行编程，我们可以建立一个进化过程的计算模型。反过来，模拟可以用来研究在不同的模型假设下，包括在对突变率和交换率的假设下，适应性增长的相对速率是什么样的。在下一章，我们将考虑层级系统中进化的特殊情况，层级系统似乎是自然界中占主导地位的一类系统。

细胞自动机与生命游戏。 计算机不仅用来估计进化的概率，而且在抽象的层次上模拟进化过程。这种研究其实可以追溯到二战后，人们对复杂性的兴趣第二次爆发，当时约翰·冯·诺依曼在乌拉姆（Stanislaw Ulam）的一些观点的基础上，抽象地定义了（但没有实现）一个能够自我复制的系统。伯克斯（Arthur Burks）等人继承了这一思想，但是直到进入当前第三波兴趣波，兰顿（Christopher Langton）才创建了一个能模拟自我繁殖的细胞自动机计算机程序。[①] 计算机程序可以创建各种各样的符号对象，并根据环境（包括附近的其他对象）应用规则进行复制或破坏。在适当选择系统参数的情况下，这种模拟可以生动地演示不断进化的自我复制系统。这一探索路线还处于非常初期的发展阶段，主要依靠计算机模拟，缺乏大量的形式理论作为整体支撑。我们还需要一段时间才能评估它的潜

---

① A. W. Burks (ed.), *Essays on Cellular Automata* (Champaign-Urbana: University of Illinois Press, 1970); C. G. Langton (ed.), *Artificial Life*. Santa Fe Institute Studies in the Sciences of Complexity, Proceedings, vol. 6 (Redwood City, CA: Addison-Wesley; 1989); C. G. Langton, C. Taylor, J. D. Farmer and S. Rassmussen (eds.), *Artificial Life II*. Santa Fe Institute Studies in the Sciences of Complexity, Proceedings, vol. 10 (Redwood City, CA: Addison-Wesley, 1992).

力，但它已经向我们展示了激动人心的基础性成果：自繁殖系统已成为现实存在。

结 论

越来越多的人相信，复杂性是我们生活的世界和共存于我们世界上的系统的一个关键特征。对于科学来说，试图理解复杂系统并不是什么新鲜事：天文学家研究复杂系统已经有几千年了，生物学家、经济学家、心理学家和其他学者在几代人之前就加入了他们的行列。当前研究活动的新颖之处不在于对特定复杂系统的研究，而在于对复杂性现象本身的研究。

如果复杂性（像系统科学一样）是一个太抽象而没有太多内容的主题，那么具有强大特性的特殊类别的复杂系统就可以成为我们关注的焦点，因为这些特性为理论和归纳提供了支点。现在正是如此，混沌、遗传算法、细胞自动机、突变和层级系统正成为我们关注的焦点。在下一章中，我们将更详细地研究层级系统。

8

复杂性的构造：层级系统

在这一章^①中，我想报告一些我们从在各种科学中遇到的特殊类型的复杂系统中所学习到的知识。我将讨论的发展情况是在具体现象的背景下产生的，但理论形成过程本身很少涉及结构的细节。相反，它们主要是指所观察系统的复杂性，而没有具体说明这种复杂性的确切内容。由于这些理论的抽象性，它们相关的应用也许对在社会科学、生物科学和物理科学中观察到的许多复杂系统有启发意义——若说它们可以应用于这些复杂系统，也有点不现实。

在叙述这些发展的过程中，我将避免技术性的细节，这些细节通常可以在其他地方找到。我将在每一种理论产生的特定背景下对其进行描述。然后，我将从过去人们最初从未应用过这一理论的几个科学领域引用一些复杂系统的例子，因为我们所讨论的理论框架与这些领域是相关的。在这样做的过程中，我会提到一些我并不是专家甚至相对来说是文盲的知识领域。我相信，读者没有什么困难就能区分哪些是空想或纯粹无知的例子，哪些是能够说明复杂性在自然界中随处可见的表现方式的例子。

我将不对"复杂系统"进行正式定义。^② 粗略地说，我所

---

① 本章是一篇同题论文［见 *Proceedings of the American Philosophical Society*，106（December 1962）］的修订版，经许可收录在此。

② W. Weaver 在 "Science and Complexity," *American Scientist*，36（1948）：536 中区分了两种复杂性，即无组织复杂性与有组织复杂性，我们主要关心有组织复杂性。

说的复杂系统是指由大量具有相互作用的部分组成的系统。正如我们在上一章中所看到的，在这种系统中，整体大于部分的总和，这是基于重要的实用意义说的。基于各部分的性质及它们相互作用的规律，很难推断出整体的性质。[①]

之后的四个部分讨论复杂性的四个方面。第一部分对复杂性以层级形式出现的频率做了一些评论——复杂系统是由子系统组成的，这些子系统又有它们自己的子系统，依此类推。第二部分从理论上阐述了复杂系统的结构和它通过进化过程出现所需的时间之间的关系。在这一部分，我特别说明了层级系统的进化速度比规模相当的非层级系统更快。第三部分探讨了按层级结构组织系统的动态特性，并展示了如何将它们分解为子系统以分析它们的行为。第四部分探讨了复杂系统与其描述之间的关系。

因此，我的中心主题是复杂性经常采取层级结构的形式，而层级结构有一些独立于其具体内容的共同属性。我认为层级结构是复杂性建筑师使用的核心结构方案之一。

---

① 可参阅 John R. Platt，"Properties of Large Molecules that Go beyond the Properties of Their Chemical Sub-groups," *Journal of Theoretical Biology*，1（1961）：342-358。既然还原论与整体论问题是科学家和人文主义者之间的一个主要争斗原因，我们或许可以希望，两种文化之间可以按照刚才建议的折中方案进行和平谈判。在论述过程中，我将对艺术和自然科学中的复杂性发表一点看法。但需要强调的是我的整体论中的实用主义，以便把它与 W. M. Elsasser，*The Physical Foundation of Biology*（New York：Pergamon Press，1958）的立场区分开。

层级系统

我所说的层级系统，或层级结构，是指由相互关联的子系统组成的系统，每一个子系统在结构上都是分层的，直到我们达到某个最低层次的基本子系统。在自然界中的大多数系统中，我们在哪里停止划分以及我们将哪些子系统作为基本子系统，都有一定的随机性。在物理学中，"基本粒子"这一概念用得很多。不过基本粒子让人为难的是，这些粒子不可能永远都是最基本的粒子。仅仅几十年前，原子还是基本粒子；今天对于核物理学家来说，它们是复杂系统。从天文学的角度来看，整个恒星甚至星系都可被视为基本子系统。在一种生物研究中，细胞可被视为基本子系统；而在另一种生物研究中，蛋白质分子可被视为基本子系统；还有在一些领域中，氨基酸残基可被视为基本子系统。

为什么科学家们有权利把一个事实上极其复杂的子系统视为基本系统？这是我们将要讨论的问题之一。目前，我们应接受这样一个事实，即科学家们经常这样做，而且，如果他们是谨慎的科学家，他们通常可以逃脱责任。

在词源学上，"层级制"一词的含义比我现在赋予它的意义范围要狭隘很多。层级制一般是指复杂系统中的每个子系统都隶属于它所属系统的服从关系。更准确地说，在一个层级制的正式组织中，每个系统由一个上级系统和一组从属的子系统组成。每个子系统有一个上级系统，下面的系统就为子系统。在我们需要考虑的一些系统中，它们的子系统之间的关系比刚才描述的正式组织层级结构中子系统之间的关系更复杂。我们还要讨论那些子系统之间没有从属关系的系统。（事实上，即使在人类组织中，正式的层级制也仅存在于书本中；真正生活中的组织，除了形式上的权力机构之外，还有许多内部关系。）由于没有更好的措辞，我将使用前面段落中介绍的更广泛意义上的"层级结构"来指代所有可分析成连续的子系统集的复杂系统，当我想表达更专业的概念时，我会使用"正式层级制"。①

社会系统

正式组织是社会科学中经常遇到的一种层级结构的例子。公司、政府、大学都是层层相扣的结构组织。但正式组织不是唯一的，甚至也不是最普遍的社会层级结构。几乎在所有社会

---

① 对于我这里称为层级制的东西，用数学术语来划分不太实用。因为"划分"是由子系统组成的集合与每一子系统的子系统组成的子集来决定，而与子集之间的关系构成的任何系统无关。我所说的层级制的意义不仅包括了划分，还包括了系统各部分之间的关系。

中，家庭都是基本单元，这些单元可以组成村落或部落，再由这些村落或部落组成更大的群体，依此类推。如果我们画一个社会关系图，谁和谁交谈或有某种关系就都可以在层级结构中表现出来。这种结构中的群体可以通过测定社会度量矩阵中的一些互动频率的衡量标准进行可操作性的定义。

生物系统和物质系统

大家都知道，生物系统也具有层级结构。以细胞为构件，我们发现细胞组织成组织，组织形成器官，器官形成系统。细胞内部有明确的子系统，例如细胞核、细胞膜、微粒体和线粒体。

许多物质系统的层级结构也同样清晰明了。我已经提到了两个主要系列。在微观层面上，我们有基本粒子、原子、分子和大分子。在宏观层面上，我们有卫星系统、行星系统、星系。物质以极不均匀的方式分布在整个空间。我们发现的最接近随机分布的是气体，但这种分布不是基本粒子的随机分布，而是复杂系统（即分子）的随机分布。

我所定义的"层级结构"一词包含了相当广泛的结构类型。按照这个定义，钻石是有层级的，因为它是一种碳原子的晶体结构，可以进一步分解为质子、中子和电子。然而，它是一个单层结构，属于晶体的第一级子系统的数量可以无限大。在同样的意义上，分子气体的体积也是一个单层结构。我们通常把系统分成了很多小的或中等数量的子系统的结构称为层级结构，每个子系统还可以继续划分。所以，我们并不把钻石或者气体看作是层级结构。同样，线性聚合物是简单长链结构物，都是由相同的子部分即单体组成。在分子水平上，这属于单层结构。

在讨论正式组织时，直接向一个老板汇报的下属人数被称为他的控制范围。我将用类似的方法来描述一个系统的广度，用它来表示系统划分成子系统的数量。因此，如果一个层级系统在某一层次上有很大的广度，我们就说该系统在这一层次上是单层的。钻石在晶体层次上有很大的广度，但在下一个层次即原子层次上广度并不大。

在之后的大部分理论构建中，我们应把注意力集中在讨论广度不大的层级结构上，但我将不时地评论这些理论在什么程度上可能或不可能适用于单层的层级结构。

物质和生物层级结构与社会层级结构之间有一个重要的区别。一方面，大多数物质和生物的层级结构都是用空间术语来描述的。我们检测细胞中的细胞器，就像我们检测蛋糕中的葡萄干一样，它们是"明显"分化的子结构，占有大的结构空间。另一方面，我们建议通过观察谁与谁互动而不是通过观察谁住在谁附近来确定社会层级。这两种观点可以通过定义相互作用强度的层级来调和，但在大多数生物和物理系统中，相对强烈的相互作用意味着相对的空间接近。神经细胞和电话线的一个有趣的特点是，它们允许在很远的距离进行非常特定的强相互作用。在某种程度上，相互作用是通过专门的通信和运输系统引导的，空间接近性对结构的决定作用变得不那么大。

符号系统

到目前为止，我的例子中忽略了一类非常重要的系统：人类符号生产系统。在我使用的这个术语的意义上，一本书就是一个层级结构。书一般分为章，章分为节，节分为段，段分为句，句分为从句和词组，从句和词组分为词。我们可以把词作为我们的基本单位，也可以像语言学家经常做的那样，进一步将其细分为更小的单位。如果这本书是叙事性的，则可以分成"情节"，而不是章节，但总归是可以划分的。

音乐的层级结构是大家都熟知的，以乐章、声部、主旋律、乐句等单元为基础。图画艺术作品的层级结构比较难以表示，但我稍后将对其加以说明。

复杂系统的进化

要介绍进化这一话题，我们可以先看一个寓言故事。从前有两个钟表匠，分别叫霍拉（Hora）和坦普斯（Tempus）。他们制造的钟表非常精美，因此他们受到了大家的尊重。他们各自工坊中的电话经常响起，不断有新的顾客给他们打电话。然而，霍拉越来越富有，而坦普斯却越做越穷，最后连店都没了。这是什么原因呢？

他们制作的每块手表大约有 1 000 个零件。坦普斯如果在组装表时不得不去接电话，回来后又得从头装起。顾客们越喜欢他的表，他的电话就越多，他就越难得到足够的不被打断的时间来组装一块表。

霍拉制作的手表，其复杂程度不亚于坦普斯的手表。但他在设计这些手表时，将 10 个零件组合在一起作为一个子组件。10 个子组件又可以组合成一个更大的组件；最后 10 个组件组成的系统构成了整块手表。因此，当霍拉不得不把一块部分组装好的手表放下来去接电话时，他只损失了一小部分工作，而他组装手表的时间只占了坦普斯所花工时的一小部分。

比较二人的工作困难程度还是很容易的：假设正在装配一个零件时被打断的概率为 p，那么，坦普斯完成一块表而不被打断的概率是 $(1-p)^{1\,000}$。只要 p 不等于 0.001 或更小，这个概率就会很小。每次打断平均要浪费装上 $1/p$ 个零件（打断前预计组装数量）所需的时间。而霍拉要完成 111 个由 10 个零件组成的子组件。他在完成其中任一子组件时不被打断的概率是

$(1-p)^{10}$，每次打断仅浪费相当于安装 5 个零件所需的时间。[①]

现在，如果 p 约为 0.01，也就是说，任何一个钟表匠在给一个组件添加任何一个部件时都有 1% 的可能性会被打断，那么一个简单的计算表明，坦普斯组装一块手表的平均时间是霍拉的 4 000 倍。

我们按以下步骤得出的估计值如下：

（1）霍拉每块表的组装量是坦普斯的 111 倍。

（2）坦普斯每次中断组装平均损失的工作量是霍拉的 20 倍。（平均算起来，一位浪费组装 100 个零件所需的时间，另一位浪费组装 5 个零件所需的时间。）

（3）坦普斯在每百万次尝试中只能完成 44 次组装（$0.99^{1\,000} = 44 \times 10^{-6}$），而霍拉将完成 10 次中的 9 次（$0.99^{10} = 9 \times 10^{-1}$）。因此，坦普斯每完成一次组装，都要比霍拉付出 20 000 倍的努

---

① 关于进化速度的推测最早是雅各布森（H. Jacobson）应用信息论来估计生物进化所需的时间时提出的。可参阅他的论文："Information, Reproduction, and the Origin of Life," in *American Scientist*, 43（January 1955）: 119 – 127。从热力学的角度考虑，可以估计一个复杂系统分解成其元素时熵的增加量。具体例子参见：R. B. Setlow and E. C. Pollard, *Molecular Biophysics*（Reading, Mass.: Addison-Wesley, 1962），pp. 63 – 65，以及其引用的参考文献。但是，熵是概率的对数，因此熵的负值可以解释为概率的倒数（也可以说是"反概率"）的对数。雅各布森模型的基本思想是，系统达到某一特定状态所需的预期时间与该状态的概率成反比，因此它随着该状态的信息量（负熵）呈指数增长。按照这一论证思路（但没有引入层级和稳定组件的概念），雅各布森得出了进化所需时间的估计值，以至于使该事件相当不可能发生。我们以同样的方式进行分析，但注意稳定的中间形式的存在，这使估计值要小得多。

力。(9×10^{-1})／(44×10^{-6})＝2×10^4。

将这三个比例相乘，我们可以得到 $1/111\times100/5\times0.99^{10}/$ $0.99^{1\,000}$＝$1/111\times20\times20\,000\sim4\,000$。

生物进化

我们从生物进化的寓言中能学到什么呢？让我们把 k 个基本零件组成的子组件解释为 k 个零件在一个小体积内共存，不考虑它们的相对方向。该模型假设零件以恒速进入体积，并且除非装配达到稳定状态，否则组件在添加另一个零件之前就可能散掉的概率为恒定的 p。这些假设并不特别现实。随着装配体积的增加，人们无疑高估了成功装配的可能性。因此，这些假设可能在很大程度上低估了层级结构的相对优势。

虽然我们不能因此把寓言中的估值当真，但是这则寓言使我们能直接明确地学到关于生物进化的知识。从简单元素演化成复杂形式所需的时间主要取决于潜在的中间稳定形式的数量和分布。具体来说，如果存在一个潜在的稳定状态的"子组件"的层级结构，在该层级结构的每一层次上都有大致相同的广度 s，那么可以预测每一层次上子组件装配所需的时间是差不多的，与 $1/(1-p)^s$ 成正比。组装一个由 n 个组件组成的系统所需的时间将与 $\log_s(n)$ 成正比，也就是与系统中的层次数量成正比。有人会说，从单细胞生物进化到多细胞生物所需的时间可能与从大分子进化到单细胞生物所需的时间在同一数量级。同样的论点也可适用于从氨基酸进化成蛋白质，从原子进化成分子，从基本粒子进化成原子。

可以肯定的是，对这个过于简化的方案，每个从事实际研究工作的生物学家、化学家和物理学家都会提出许多反对意见。在谈到我比较熟悉的领域之前，我将先讨论其中的四个问题，其余的问题则留给专家们去处理。

第一，不管钟表匠寓言暗示了什么，这个理论并没有采取任何目的论的观点。复杂形式可以通过纯粹的随机过程从简单形式中产生。（我稍后将提出另一个模型，以清楚地表明这一点。）一旦复杂形式产生，复杂形式的稳定性就为进化方案提供了方向。这不过是适者生存，即稳定的生存。

第二，并不是所有大型系统都有层级结构。例如，大多数聚合物（如尼龙）都是由大量相同成分（即单体）组成的简单线性链。然而，就现在的目的而言，我们可以简单地将这样的系统看作是广度为 1 的层级结构的极限情况，因为任何长度的线性链都代表了一个相对平衡的状态。①

———————

① 关于聚合物规模的问题，有完善的理论，是基于随机组装的模型。例子参见 P. J. Flory, *Principles of Polymer Chemistry* (Ithaca：Cornell University Press, 1953), chapter 8. 由于聚合过程理论中的所有组件都是稳定的，因此限制分子的生长取决于杂质对端点基团的"抑制"，或取决于周期的形成，而不依赖于部分形成的链的解体。

第三，进化过程不违反热力学第二定律。复杂系统由简单元素进化而来，不管怎样，进化过程对整个系统的熵都没有任何影响，如果在这个进化过程中吸收了自由能量，复杂系统的熵就会比元素小；如果它释放了自由能量，情况就会相反。前一种情况适用于大多数生物系统，如果不违反热力学第二定律，自由能量的净流入只能依靠太阳或其他能源供应。对于我们所描述的进化过程，中间状态的平衡只需具有局部而非全局的稳定性，而且它们只有在稳定状态下才可能是稳定的，也就是说，只要有一个能利用的外部的自由能量源，它们就可能是稳定的。[①]

由于生物体不是能量封闭的系统，因此无法从经典热力学的考虑中推断出进化的方向，更不用说速率。所有的估计值都表明，一个单细胞生物有机体形成过程中所涉及的熵量（以物理单位衡量）是微不足道的，大约为 -10^{-11} 卡/度。[②] 进化的"不可能性"与这个熵量无关，它是每个细菌细胞每一代产生的。从这个意义上讲，信息量与进化速度无关。这还可以从以下事实中看出：通过生殖过程"复制"一个细胞所需要的信息

---

① 这个观点前面已阐述多次，可见其重要性。更多讨论参见 Setlow and Pollard, *Molecular Biophysics*, pp. 49 – 64；E. Schrödinger, *What Is Life?* (Cambridge: Cambridge University Press, 1945)；H. Linschitz, "The Information Content of a Bacterial Cell," in H. Quastler (ed.), *Information Theory in Biology* (Urbana: University of Illinois Press, 1953), pp. 251 – 262.

② 参见 Linschitz, "The Information Content". 10^{-11} 卡/度这个量相当于约 10^{13} 比特的信息量。

量与通过进化产生第一个细胞所需要的信息量完全一样。

稳定的中间形式的存在对复杂形式的进化产生了强大的影响，这种影响可以类比于催化剂对开放系统中反应速率和反应产物稳态分布的巨大影响。[①] 在这两种情况下，熵的变化都不能为我们提供对系统行为的指导。

多细胞生物的进化

我们必须考虑对钟表匠寓言的第四种反对看法。无论这个寓言为原子和分子系统，甚至单细胞生物的进化提供了一个多么可信的模型，但它似乎并不符合多细胞生物的发展历史。这个寓言假设复杂系统是由一组较简单的系统组合而成的，但这并不是多细胞生物的进化方式。尽管细菌实际上可能是由线粒体与它们所居住的细胞结合产生的，但多细胞生物是通过单一系统的细胞的增殖和特化而进化的，而不是通过原为相互独立的子系统的组合而进化的。

然而，为了避免过快地否定这个寓言，我们应该观察到，通过特化进化的系统也会获得同样的盒中盒结构（例如，由嘴、喉、食道、胃、小肠、大肠、结肠组成的消化系统；或由心脏、

---

① H. Kacser, "Some Physico-chemical Aspects of Biological Organization," appendix, pp. 191 – 249, in C. H. Waddington, *The Strategy of the Genes* (London: George Allen and Unwin, 1957).

动脉、静脉和毛细血管组成的循环系统），正如通过更简单的系统组装进化而获得的系统一样。本章的下一个主要部分涉及近可分解系统。它提出，从本质上讲不是组件的组装，而是通过组装或特化产生的层级结构，为快速进化提供了可能性。

这种观点认为，在任何一个由一组稳定的子系统组成的复杂系统中都存在快速进化的潜力，每个子系统的运行与其他子系统内部发生的详细过程几乎无关，主要受其他子系统的净输入和输出的影响。如果满足了近可分解性的条件，则一个成分的效率（即它对生物体的适应性的贡献）不取决于其他成分的详细结构。

不过，在详细研究这一说法之前，我想先简单讨论一下钟表匠寓言的一些非生物学领域的应用，以说明层级系统在其他情况下享有的重要优势。

解决问题如同自然选择

层级结构以及类似于自然选择的过程，出现在人类解决问题的过程中，这个领域与生物进化没有明显的关联。比如说，求证一个困难的定理。这一过程通常就像是走迷宫式的搜索过程。从公理和先前证明的定理开始，尝试数学系统规则允许的各种转换，以获得新的表达式。这些表达式不断被修改，直到发现了通往目标的变换序列或变换路径为止，这一过程有的时候需要不断努力，有的时候则需要些运气。

这个过程通常需要反复试验。尝试各种不同的路径；有些被放弃，有些则被进一步探索。在找到解决方案之前，可能会探索出许多迷宫一样的路径。越是困难和新颖的问题，找到解决方案所需的试错量也就越大。同时，反复试验并不是完全随机或盲目的，实际上它具有很强的选择性。将已知表达式用新的方式表达，看它们是否离目标更近了一点儿。如果有一定的进展，我们就可以继续搜索下去，如果还是毫无眉目，就可以停止搜索。解决问题过程需要有选择性地反复试验。[①]

稍加思考就会发现，在解决问题的过程中，提示进展的线索与稳定的中间形式在生物进化过程中所起到的作用是相同的。事实上，我们可以将钟表匠寓言也应用到解决问题当中。在解决问题时，一个明显朝目标趋近的进展的部分结果，起到了稳定子组件的作用。

假设我们的任务是打开一个保险箱，这个保险箱的锁有 10 个拨盘，每个拨盘有 100 个可能的定位，编号为 0~99，通过盲目的反复试验寻找正确的设置，需要多长时间才能打开保险

---

① 参见 A. Newell, J. C. Shaw, and H. A. Simon, "Empirical Explorations of the Logic Theory Machine," *Proceedings of the 1957 Western Joint Computer Conference*, February 1957 (New York: Institute of Radio Engineers); "Chess-Playing Programs and the Problem of Complexity," *IBM Journal of Research and Development*, 2 (October 1958): 320-335. 对于解决问题的类似观点，参见 W. R. Ashby, "Design for an Intelligence Amplifier," pp. 215 - 233 in C. E. Shannon and J. McCarthy, *Automata Studies* (Princeton: Princeton University Press, 1956).

箱？由于有 100^{10} 种可能的定位，我们预计需要平均 0.5×100^{10} 次（也就是 5×10^{19} 次）试验才能找到正确的定位。然而，假设保险箱是有缺陷的，当任何一个拨盘转到正确的定位时，都能听到咔嚓一声，这样就可以对每个拨盘进行独立调节，并且在调整其他拨盘设置时不需要再次触碰已调准的拨盘。需要尝试的定位总数仅为 10×50 即 500 次。通过咔嚓声的提示，打开保险箱的任务已经从几乎不可能变成了微不足道。[①]

在过去的 30 年里，人们已经了解了相当多关于人类常见解决问题任务中的迷宫的性质，如证明定理、解谜、下棋、投资、平衡装配线等。我们对这些迷宫所了解到的一切都可得出同一个结论：人类的解决问题过程，从最原始暴力的方式到现在通过思考解决问题，都不过是反复试验和选择性不同程度的组合。选择性其实也是根据经验法则来判断的，根据经验我们可以知道哪条路径可以尝试，哪条路走下去结果会比较好。我们不需要假设比生物进化过程更复杂的过程来解释巨大的问题迷宫是

[①] 保险箱的例子由西蒙（D. P. Simon）提供。阿什比（Ashby, "Design for an Intelligence Amplifier," p. 230）称这种情形涉及的选择性为"组件选择性"（selection by components）。与钟表匠寓言相比，保险箱的例子中的层级形成过程所节省的时间更多。因为开保险箱的过程是随机寻找正确的定位方式，而在钟表匠的例子中，零件必须按正确的顺序组合。目前还不清楚哪一个例子为生物进化提供了更好的模型，但是我们可以肯定的是对钟表匠寓言中层级形成过程节省的时间的估计是非常保守的。保险箱的例子可能给了过高的估计，因为它假设组件的所有可能排列方式是等概率的。将这两个例子引申用于分子层次的是 J. D. Watson, *Molecular Biology of the Gene*, 3rd ed.（Menlo Park, CA: W. A. Benjamin, 1976），pp. 107 - 108。

如何被划分为适当的大小的（可参见第 3 章和第 4 章）。[①]

选择性的来源

当我们研究解决问题系统或进化系统（视情况而定）的选择性的来源时，我们发现选择性总是等同于来自外部环境的某种信息反馈。

我们先考虑解决问题的情况。选择性基本有两种。一种我们已经注意到了：探索各种路径，注意记录这些路径的后果，并利用这些信息来指导下一步的搜索。同样，在生物进化中出现了各种复杂形态（至少是暂时的），那些稳定的复杂形态为进一步的建造过程提供了新的动力。正是这些关于稳定形态的信息而不是来自太阳的自由能量或负熵，引导着进化的过程，并提供了对解释其快速进化至关重要的选择性。

在解决问题时，选择性的第二种信息来源是过往经验。当目前的问题和之前解决过的问题相似时，我们很容易就会明白。此时只需要简单再试一下之前走过的解决路径，就很容易找到解决方案。

在生物进化过程中，什么对应于过往经验？最贴切的一个比喻就是繁殖。一旦生物进化到自我繁殖的层次，一个复杂的

---

① A. Newell and H. A. Simon, "Computer Simulation of Human Thinking," *Science*，134 (December 22，1961)：2011-2017.

系统实现了自我繁殖，就可以无限地繁殖下去。繁殖实际上可以使后天的特性得到继承，当然是在遗传物质的水平上。也就是说，只有基因所获得的特性才能得到继承。我们将在本章的最后再来讨论繁殖的问题。

论帝国与帝国的建设

我们尚未列举完钟表匠寓言可以合理应用的复杂系统的领域。腓力（Philip）建立了马其顿帝国并传位给他的儿子。后来，马其顿帝国同波斯"组件"及其他"组件"结合成亚历山大帝国这一更大的系统。亚历山大死后，他的帝国并没有消散，而是分裂成了组成帝国的几个主要子系统。

钟表匠寓言隐喻着：如果想要成为亚历山大，就应该出生在一个已经存在大型稳定政治制度的世界。在不满足这个条件的地方，亚历山大本人也会觉得建立帝国是一件可笑的事情。所以，劳伦斯（T. E. Lawrence）组织阿拉伯人反抗土耳其人的起义，也受到了他最大的稳定组件（一些独立的、多疑的沙漠部落）的性质限制。

历史专业更重视经过验证的具体事实，而不是倾向性的概括。因此，我不打算详细阐述我的想法，而是让历史学家们来决定是否可以从层级结构的复杂系统的抽象理论中学到什么东西来解释历史。

结论：层级结构的进化论解释

到目前为止，我们已经证明，如果有稳定的中间形式，简单系统能更快地进化成复杂系统。在这种情况下，所产生的复杂形式具有层级结构。因此，我们只需要倒着论证，就可以解释我们所观察到的在自然界呈现给我们的复杂系统中层级结构占主导地位的现象了。在各种可能的复杂形式中，层级结构的形式是需要时间进化的。复杂性具有层级结构的假说没有区分非常扁平的层级结构（如晶体、组织和聚合物）以及中间形式。事实上，我们在自然界遇到的复杂系统中，这两种形式的例子都很突出。一种比我们在这里所发展的理论更完整的理论大概会对这些系统中的广度的决定因素有所说明。

近可分解系统

在层级系统中，我们一方面可以区分子系统之间的相互作用，另一方面可以区分子系统内部即子系统各部分之间的相互作用。不同层级的相互作用强度可能是，而且往往会是不同数量级的。在一个正式的组织中，一般来说，同属一个部门的两名员工之间的互动比来自不同部门的两名员工之间的互动更多。

271

在有机物中，分子间力一般会弱于分子力，分子力弱于核力。

在稀有气体中，分子间的作用力与结合分子的作用力相比可以忽略不计。出于多种目的，我们将单个粒子视为相互独立的。我们可以将这样的系统描述为可分解为由各个粒子组成的子系统。随着气体密度的增加，分子间的相互作用变得更加明显。但在一定范围内，我们可以把可分解的情况作为一个极限和一级近似值。例如，如果气体不是太密集的话，我们可以用理想气体的理论来近似地描述真实气体的行为。作为二级近似，我们可以转向近可分解系统的理论，在这种理论中，子系统之间的相互作用力很弱，但不可忽略。

至少某些类型的层级系统可以近似为近可分解系统。该方法的主要理论发现可以归纳为两条定理：（1）在一个近可分解系统中，每个组件子系统的短期行为近似独立于其他组件的短期行为；（2）从长期来看，任何一个组件的行为仅以聚合的方式依赖于其他组件的行为。

让我举一个近可分解系统的简单的具体实例。[1] 假设有一

① 这里对近可分解性的讨论是基于 H. A. Simon and A. Ando, "Aggregation of Variables in Dynamic Systems," *Econometrica*, 29 (April 1961)：111‐138 所写的，本书中的例子取自其 117~118 页。该理论的具体发展情况，可参见 P. J. Courtois, *Decomposability: Queueing and Computer System Applications* (New York, NY: Academic Press, 1977)；Y. Iwasaki and H. A. Simon, "Causality and Model Abstraction," *Artificial Intelligence*, 67 (1994)：143‐194; D. F. Rogers and R. D. Plante, "Estimating Equilibrium Probabilities for Band Diagonal Markov Chains Using Aggregation and Disaggregation Techniques," *Computers in Operations Research*, 20 (1993)：857‐877。

个建筑，其外墙可以完全隔热。我们将会把这面墙当作内部与外部环境的边界。该建筑中有很多房间，各房间之间的墙隔热性良好，但不是最理想的状态。各房间之间的墙可以看作是各子系统的边界。每个房间都被隔板分割成许多小隔间，但这些隔板的隔热性能很不好。在每一个小隔间里都挂着一个温度计。假设在我们第一次观察这个系统的时候，各个隔间、各个房间之间的温差很大，建筑内的各个隔间处于热失衡状态。当我们在几个小时后重新测量温度时会发现什么呢？每个房间内的各个隔间的温差很小，但房间之间的温差可能仍然很大。几天后，当我们再次测量温度时，我们发现整栋楼的温度几乎是一致的，房间之间的温差几乎消失了。

我们通过建立常用的热流方程，可以对平衡过程进行形式化描述。这些方程可以用其变量系数的矩阵 r_{ij} 来表示，其中 r_{ij} 是热量从第 i 个小隔间流向第 j 个小隔间的速率。如果第 i 个和第 j 个小隔间没有共用墙，则 r_{ij} 为零。如果第 i 个和第 j 个小隔间有共用墙，并且在同一个房间里，那么 r_{ij} 就会很大。如果房间 i 和 j 被房间之间的墙隔开，则 r_{ij} 将为非零但数值很小的数。因此，通过将同一房间内的所有小隔间分组组合，我们可以将系数矩阵排列在一起，使其所有数值大的元素位于一串沿主对角线的正方形子矩阵内。这些对角线方阵外的所有元素要么为零，要么数值很小（见图 8 - 1）。我们可以取一些小的数字 ε，作为非对角线元素数值的上限。我们把具有这些性质的矩阵称为近可分解矩阵。

	A1	A2	A3	B1	B2	C1	C2	C3
A1	—	100	—	2	—	—	—	—
A2	100	—	100	1	1	—	—	—
A3	—	100	—	—	2	—	—	—
B1	2	1	—	—	100	2	1	—
B2	—	1	2	100	—	—	1	2
C1	—	—	—	2	—	—	100	—
C2	—	—	—	1	1	100	—	100
C3	—	—	—	—	2	—	100	—

图 8 - 1 一个近可分解矩阵

图 8 - 1 是一个假设的近可分解系统，用热流例子来说，A1，A2，A3 可看作是第一个房间里的小隔间，B1，B2 是第二个房间里的小隔间，C1，C2，C3 是第三个房间里的小隔间。那么，矩阵元素（如图 8 - 2 所示）就是小隔间之间的热扩散系数。

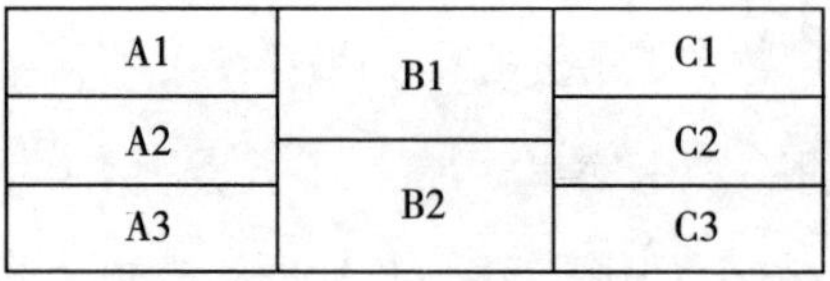

图 8 - 2 矩阵元素

现在已经证明了可以用近可分解矩阵描述的动态系统具有前面所述近可分解系统的性质。在我们简单的热流例子中，这意味着在短期内，每个房间将几乎独立于其他房间达到平衡温度（房间内各小隔间的初始温度的平均值），并且在较长时期内，每个房间将大致保持在平衡状态，在此期间，整个建筑将建立起整体温度平衡。在达到房间内的短期平衡后，每个房间有一个温度计就足以描述整个系统的动态行为，现在，每个小隔间中的单独温度计将是多余的。

社会系统的近可分解性

如图 8-1 所示，矩阵不容易有近可分解性，而具有此属性的矩阵可以描述特定的动态系统，在我们所有能想到的系统中，这样的系统是非常少见的。这些系统有多少取决于我们坚持需要多高的近似程度。如果我们要求 ε 很小，则很少有动态系统能符合这个定义。但我们已经知道，在自然界中存在近可分解系统。相反，每个变量与系统中几乎所有其他部分以差不多同等程度联系在一起的系统则要罕见得多，也不那么典型。

在经济动态中，主要变量是商品的价格和数量。根据经验，任何商品的价格和商品交换率在很大程度上取决于其他商品的价格和数量以及一些其他大宗商品的集总量（例如平均价格水平或一些综合衡量经济活动的标准）。大的关联系数一般与行业内部和行业之间的原材料及半成品的流动有关。一个经济体的投入产出矩阵可表现出产品流动的程度，通过限定条件，揭示了系统近可分解的结构。经济体中存在一个消费子系统，它与大多数其他子系统中的变量高度相关。因此，我们必须稍微修改我们的近可分解性概念，以适应消费子系统在我们分析经济动态行为中的特殊作用。

在社会系统的动态过程中，子系统的相互交流、相互影响导致近可分解性非常显著。这一点在正式组织中最为突出，正式的权力关系将组织中的每个成员与直接的上级和少数的下级联系在一起。组织中的许多沟通都会通过其他渠道而不是正式渠道进行。但是，这些渠道中的大多数都是从某个特定的个人通向数量非常有限的上级、下属和同事。因此，在我们刚才讲的热流的例子中，部门边界与墙的作用非常相似。

物理化学系统

在生物化学常见的复杂系统中非常容易看到类似的结构。若让原子核作为该系统的基本元素，建立一个各元素之间的键强矩阵，矩阵元素值的数量级相差可以非常大。数值最大的元素相当于共价键，数值较小的相当于离子键，第三组就相当于氢键，比氢键还小的属于由范德华力形成的更小的键。[1] 如果我们选择一个比共价键小一点的 ε，系统将分解成子系统，即组成分子。较小的键将对应于分子间键。

---

① 对于几种分子力和分子间力及其解离能的研究，参见 Setlow and Pollard, *Molecular Biophysics*，chapter 6。典型的共价键键能一般为 80～100 千卡/摩尔，氢键键能则为 10 千卡/摩尔，离子键键能一般介于这两个能级之间，范德华力形成的键的键能较低。

众所周知，高能量、高频率的振动与较小的物理子系统有关，而低频振动与子系统组成的较大的系统有关。例如，与分子振动相关的辐射频率远低于与原子的行星电子振动相关的辐射频率；后者又低于与核过程相关的辐射频率。[①] 分子系统是近可分解系统，其短期动态与子系统的内部结构有关，长期动态与这些子系统的相互作用有关。

物理学中许多重要的近似方法的有效性得看研究系统能否近似分解。例如，不可逆过程的热力学理论要求假设宏观不平衡但微观平衡的情况，这正是我们在热流的例子中所描述的。[②] 同样，量子力学中的计算通常是通过将弱相互作用视为对强系统产生扰动来处理的。

对层级结构广度的看法

为了理解为什么层级结构的广度有时像晶体一样很宽，有

---

① 以下是与各种系统相关的振动的典型波数（波数是波长的倒数，因此与频率成正比）：

钢丝张力——$10^{-10} \sim 10^{-9}\,\mathrm{cm}^{-1}$；

分子旋转——$10^{0} \sim 10^{2}\,\mathrm{cm}^{-1}$；

分子振动——$10^{2} \sim 10^{3}\,\mathrm{cm}^{-1}$；

行星电子——$10^{4} \sim 10^{5}\,\mathrm{cm}^{-1}$；

核旋转——$10^{9} \sim 10^{10}\,\mathrm{cm}^{-1}$；

核表面振动——$10^{11} \sim 10^{12}\,\mathrm{cm}^{-1}$。

② S. R. de Groot, *Thermodynamics of Irreversible Processes* (New York: Interscience Publishers, 1951), pp. 11 - 12.

时又很窄，我们需要更详细地研究相互作用。一般来说，关键是考虑两个（或几个）子系统之间的相互作用在多大程度上排除了这些子系统与其他子系统的相互作用的问题。让我们先研究一些物理例子。

　　假想一种由相同分子组成的气体，其中的每一个分子都能以某些方式与其他分子形成共价键。我们假设，可以给每个原子关联一个它能够同时维持的特定数量的键。（这个数字与我们通常称为原子价的数字有关。）现在假设两个原子结合，我们还可以将它所能维持的特定数量的外键数与这种结合联系起来。如果这个数目同与单个原子相关联的键数相同，那么键合过程可以无限地进行下去，原子可以形成无限程度的晶体或聚合物。如果复合材料所能形成的键数小于与单个原子相关联的键数，那么这个聚合过程必须停止。

　　我们只需要举几个简单的例子。一般的气体并不表现出聚合的趋势，因为原子的多重键合"耗尽"了它们相互反应的能力。虽然每个氧原子都有两个价，但氧分子的价态为零。相反，单键碳原子可以建立起无限长链，因为任何数量的碳原子链，每个原子都有两个侧基，其化合价正好是 2。

　　现在，如果我们有一个既有强反应能力又有弱反应能力并且其强键可以通过组合耗尽的元素系统，那会发生什么？会发生在强相互作用的能力被耗尽的过程中形成子系统，然后较弱的二级键通过这些子系统形成更大的系统。例如，一个水分子的价态是零，氢分子和氧分子的相互反应完全占据了其所有的潜在共价键。但是，水分子的几何结构产生了一个电偶极子，它允许水和溶解在水中的盐之间产生弱反应，这就是电解质的导电率的由来。①

同样，据人们观察，虽然电力比引力强，但在天文尺度上，后者比前者更重要。我可以这样解释：由于电力是两极的，所以在较小的子系统的连接中被"用尽了"，而在宏观规模的区域中一般不会出现显著的正负电荷的净平衡。

在社会和物理系统中，大量子系统的同时相互作用通常是有限制的。社会系统中存在这些限制是因为人类更接近于序列信息处理系统而不是平行信息处理系统。人们在某一时间只能进行一种谈话，虽然并未限制观众的数量，但确实限制了能同时参与交谈的人数。除了直接互动的要求外，大多数角色强加的任务和责任都是耗时的。例如，一个人不可能扮演大量其他人的朋友的角色。

在社会系统中同在物理系统中一样，较高频率的动态与子系统有关，较低频率的动态与较大系统有关。例如，人们普遍认为，高管负责的规划期越长，其在层级组织中的地位也就越高。高管之间

---

① L. Pauling, *General Chemistry* (San Francisco: W. H. Freeman, 2nd ed., 1953), chapter 15.

互动的平均持续时间和平均间隔时间大都比低层员工要长。

小结：近可分解性

我们已经得知层级结构具有近可分解性。组件内部的联系一般比组件之间的联系更强。这一事实有将层级结构中涉及组件内部结构的高频动态与涉及组件间相互作用的低频动态区分开来的作用。接下来我们将讨论这种区分对于描述和理解复杂系统产生的一些重要影响。

回顾生物进化

在研究了近可分解系统的特性之后，我们现在可以完成对多细胞生物通过组织和器官的特化而产生进化的讨论了。每个器官在完成一组特定的功能时，都会要求其组成部分之间连续不断地相互作用。（例如，产生化学反应的每一步都通过一种特定的酶来执行。）器官从生命体的其他部分提取原料，并将产物输送到其他部分，但这些输入和输出过程以一种集总的方式依赖于每个特定器官内发生的事情。就像经济市场上的商业公司一样，每个器官都可以在对其他器官的活动细节一无所知的情况下履行自己的功能，它通过消化系统、循环系统、排泄系统和其他运输渠道与其他器官进行联系。

换种表达，一个器官内部的变化主要通过改变它产生的输出量和它所需的输入量之间的关系（即它的整体效率）来影响生命体的其他部分。因此，生命体是近可分解的：与同一层次的单元之间的相互作用相比，任何层次的单元内部的相互作用都是迅速而激烈的。储存在循环系统或特殊组织中的各种物质的存货，减缓了每个单元对其他单元的影响。在短期内，单个单元（例如单个器官）的运行与其他单元的运行无关。

在达尔文提出的自然选择框架下，不能对单个组织或器官的适应性（效率）进行单独评估，因为适应性是通过生命体后代数量来衡量的。进化像是一个复杂的实验，以适应性为唯一的因变量，各个基因的结构为自变量。实验目标是比较每个基因的不同形式（等位基因）和这些不同形式的基因的组合对基因组总的适应性的贡献。

其实，如果某个特定基因的适应性取决于它与其他所有基因的哪些等位基因结合，那么，涉及复杂生命体中数万个基因的组合学将是难以想象的，要衡量某个等位基因对适应性的贡献也将是非常困难的。[1]

---

[1] 在 N 个基因中，若每个基因只有两个等位基因，在选择时就要评估 2^N 种情形。在钟表匠寓言中，这相当于不间断组装 2^N 个零件。对于有 1 000 个基因的生命体来说，自然选择导致的变化会极其缓慢，即使在地质规模上也是如此。

　　有了近可分解性，我们可以假设同一器官的两种不同设计（例如，具有相同功能的两种不同基因序列）的相对效率大约与生物体中存在的其他器官的变体无关。整体的适应性基本上就是各个独立器官的适应性之和。从本质上讲，我们获得了与开保险箱相同的优势：每一个拨盘的"正确"定位（管理一个器官活动过程的基因）可以独立于其他拨盘当前的定位。我们寻找的是有效的器官组合，而不是有效的单个基因组合。

　　现在，我们对基因组的结构已经有了更多的了解，因此可以得出，基因组的层级控制结构与生命体活动过程的层级结构非常相似。[1] 当然，我们要知道这是对任何实际生命体整体情况的严重简化。除了在特定器官中运作的基因（由控制基因决定开启和关闭的状态），还有在所有细胞内决定更普遍的代谢过程的一些基因。但这些常见的在细胞内发生的过程是在细胞层次的层级结构之上，在组织和器官层次之下。同样，我们可以认为这些常见的在细胞内运行的基因与控制特定器官专门过程的基因无关。[2]

---

[1]　F. Jacob and J. Monod, "Genetic Regulatory Mechanisms in the Synthesis of Proteins," *Molecular Biology*, 3 (1961): 318－356.

[2]　关于如何将这种层级结构引入第 7 章讨论的遗传算法中，以加快算法学习速率或进化速率，参见 John H. Holland, *Adaptation in Natural and Artificial Systems* (Ann Arbor, MI: The University of Michigan Press, 1975)，尤其是该书的 167～168 页和 152～153 页。

对复杂性的描述

如果你让别人画一个复杂的对象，比如画一张人脸，他们几乎总是以层级方式展开绘画。[①] 首先，他将勾勒出脸部轮廓，然后他将添加或插入人脸面部特征：眼睛、鼻子、嘴巴、耳朵、头发。如果我们要求他画得更详细些，他会为每个特征描绘更多的细节，例如瞳孔、眼睑、眼睛的睫毛等，直到他达到自己所知道的关于解剖学知识的极限。他需要描绘的对象信息在记忆中是分层次排列的，就像一个作文提纲一样。

当信息以提纲形式呈现时，很容易包括主要部分之间的关系信息和每个子提纲中各部分之间的内部关系信息。关于分属不同部分的子部分之间关系的详细信息在大纲中没有位置，而且很可能丢失。这种信息的丢失和主要关于层级秩序的信息的保存是一个显著的特征，它区分了一个孩子或一个没有受过训练的人的画和一个受过训练的艺术家的画。（我说的是一位努力争取代表性的艺术家。）

近可分解性和可理解性

从我们对近可分解系统的动态特性的讨论中可以得知，将

---

① 米勒（George A. Miller）让受试者画出人的面孔，并搜集了他们画的东西，他发现他们是以我们这里描述的方式进行绘画的。具体内容可参见 E. H. Gombrich, *Art and Illusion*（New York：Pantheon Books，1960），pp. 291–296。

系统表示为层级结构时较少的信息会受到损失，而系统不同部分的子部分只是以集总的方式相互作用，其相互作用的细节可以忽略。在研究相互作用的两个大分子时，一般我们不需要详细考虑一个分子的原子核与另一个分子的原子核之间的相互作用。在研究相互作用的两个国家时，我们不需要详细研究第一个国家的每个公民与第二个国家的每个公民之间的相互作用。

　　复杂系统具有近可分解层级结构是促进我们能够理解、描述、观察到系统及系统组成部分的关键因素。或者，也许这个命题应该反过来说。如果世界上有一些重要的系统是复杂的，但不分层级，那么我们在很大程度上无法理解和观察它们。对这些系统行为的分析会涉及详细了解和计算其基本部分的相互作用，这会超出我们的记忆和计算能力。[①]

　　我不打算弄清楚哪个是鸡，哪个是蛋：我们之所以能够理

---

　　① 我相信，前面提到的埃尔萨瑟（W. M. Elsasser）的《生物学的物理基础》的中心论点中的谬误在于他描述复杂系统时忽视了系统的层级结构带来的简化。于是，他写道（155页）："因此如果我们现在把类似的论点应用于酶反应与蛋白质分子的基质的耦合，我们就会看到，在足够长的时间内，与这些分子的结构细节相对应的信息将被传达给细胞的动态过程，就像传达给更高层次的组织，并可能影响这种动态过程。虽然这种推理只是定性的，但它使我们相信这样一个假设：在生命体中，与无机晶体不同，微观结构的影响不能简单地达到平衡；随着时间的推移，这种影响将渗透到细胞'各个层次'的行为中。"但从我们对近可分解性的讨论来看，那些控制生物体动力学缓慢发展的微观结构似乎可以从控制更快的细胞代谢过程的微观结构中分离出来。因此，我们不应该为解开原因之网感到绝望。参见 J. R. Platt, *Perspectives in Biology and Medicine*，2（1959）：243-245 中对埃尔萨瑟的书的评论。

解世界，是因为它是层级结构的，还是它之所以显得有层级，是因为它非层级结构的那些方面并不能被我们所理解和观察。我已经给出了一些理由，认为前者至少是真相的一半，即进化中的复杂性会趋向于层级结构，但它未必是全部真相。

对复杂系统的简单描述

人们可能会认为，对一个复杂系统的描述本身就是一个复杂的符号结构，事实上它可能就是这样。但是，并没有什么守恒定律要求描述要和被描述的对象一样复杂。一个小例子就可以说明描述一个系统是很容易的。假设系统是如图 8-3 所示的二维列阵：

A	B	M	N	R	S	H	I
C	D	O	P	T	U	J	K
M	N	A	B	H	I	R	S
O	P	C	D	J	K	T	U
R	S	H	I	A	B	M	N
T	U	J	K	C	D	O	P
H	I	R	S	M	N	A	B
J	K	T	U	O	P	C	D

图 8-3　二维列阵

令列阵 $\begin{vmatrix} AB \\ CD \end{vmatrix}$ 为 a，列阵 $\begin{vmatrix} MN \\ OP \end{vmatrix}$ 为 m，列阵 $\begin{vmatrix} RS \\ TU \end{vmatrix}$ 为 r，以及列阵 $\begin{vmatrix} HI \\ JK \end{vmatrix}$ 为 h。令列阵 $\begin{vmatrix} am \\ ma \end{vmatrix}$ 为 w，列阵 $\begin{vmatrix} rh \\ hr \end{vmatrix}$ 为 x。这样整个列阵就简化为 $\begin{vmatrix} wx \\ xw \end{vmatrix}$。最开始的结构由 64 个字符组成，现在只需要 35 个字符就能描述：

$$S = \begin{matrix} wx \\ xw \end{matrix}$$

$$w = \begin{matrix} am \\ ma \end{matrix} \quad x = \begin{matrix} rh \\ hr \end{matrix}$$

$$a = \begin{matrix} AB \\ CD \end{matrix} \quad m = \begin{matrix} MN \\ OP \end{matrix} \quad r = \begin{matrix} RS \\ TU \end{matrix} \quad h = \begin{matrix} HI \\ JK \end{matrix}$$

我们利用原结构中的冗余实现了简化。例如，$\begin{vmatrix} AB \\ CD \end{vmatrix}$ 一共出现了四次，用一个符号 a 来表示还是非常方便的。

如果一个复杂的结构是完全没有冗余的，也就是它的任何一个方面都不能从其他方面被推断出来，那么它就是自己最简单的描述。我们可以直接展示它，但我们不能用更简单的结构来描述它。我们讨论的层级结构具有高度的冗余性，因此常常用简洁的方式来描述。冗余有多种形式，这里我将提到其中的三种形式：

（1）层级系统通常只由几个不同种类的子系统以各种组合和排列方式组成。我们熟悉的一个例子就是蛋白质，20 种不同的氨基酸就可以排列出不同种类的蛋白质。同样，90 多种化学元素构成了无数种分子。因此，我们可以用字母表中用作元素名称的字母构建我们的描述，该字母表对应于基本子系统，而复杂系统就是从该基本子系统中产生的。

（2）正如我们所看到的那样，层级系统往往是近可分解的。因此，只有其各部分的总体性质才会进入对这些部分的相互作用的描述中。对近可分解性概念的概括可以称为"空世界假说"。大多数事物与大多数其他事物之间只有微弱的联系；对于现实情况做正确的描述，只需要考虑到所有可能的相互作用的一小部分。通过使用描述性语言，可以直接忽略那些不被提及的事物，我们可以用非常简单的语言描述近似空无的世界。哈伯德母亲不需要核对存物清单，就能说她的橱柜已经空了。

（3）通过适当的"重新编码"，复杂结构中存在的冗余内容很容易被发现。对动态系统描述最常见的重新编码包括用对产生该路径的微分方程的描述代替对时间路径的描述。其简单性在于系统在任何给定时间的状态和系统在短时间后的状态之间的恒定关系。因此，对于序列 1，3，5，7，9，11，…，最简单的表达方式是每个元素都是在前一个元素的基础上加 2 得到的。但这是伽利略发现的用来描述一个球在倾斜平面上滚动的连续时间间隔结束时的速度序列。

科学的任务是利用世界的冗余来简洁地描述这个世界，这是一个熟悉的命题。在这里，我将不再讨论一般的方法论观点，而是要仔细研究我们在寻求对复杂系统的理解时似乎可以利用的两种主要描述方式。我将分别称之为状态描述和过程描述。

状态描述与过程描述

"圆是距离某点等距离的所有点的轨道。""画圆时，固定圆规的一只脚，旋转圆规的另一只脚直到回到画圆的起点，就能得到一个圆。"欧几里得隐含着这样的意思：如果你按照第二句话规定的过程去做，结果肯定会满足第一句中的要求。第一句话是对圆的状态描述；第二句话是对圆的过程描述。

这两种理解结构的方式可作为我们经验的两种经纬方向。状态描述可以是图片、蓝图、大多数表格和化学结构公式等。过程描述可以是配方、微分方程和化学反应的方程式等。前者描述的是对世界表象的感受，它们提供了识别对象的标准，通常是对对象本身进行建模。后者描述的是行动的世界，它们提供了生产或生成具有所需特征的物体的手段。

感知世界和行为世界之间的区别定义了适应性生物生存的基本条件。生命体必须在感知世界的目标和过程世界的行动之间建立关联。当它们被有意识地表达出来时，这些相关性就相当于我们通常所说的手段-目的的分析。给定一个期望的状态和一个已经存在的状态，一个适应性生命体的任务就是找出这两种状态之间的差异，然后找到能够消除差异的相关过程。①

因此，问题的解决需要在同一复杂现实的状态和过程描述之间不断转换。柏拉图在《美诺篇》（*Meno*）中认为，所有的学习都是记忆。不然的话，他无法解释除非我们已经知道答案，否则我们如何发现或认识问题的答案。② 我们与世界的二元关系是这个悖论的源头和解决方案。我们可以通过对解决方案进行状态描述来提出一个问题。任务是找到一个将从初始状态产生目标状态的过程序列。从过程描述到状态描述的转换使我们能够识别我们什么时候成功了。这个解法方案对我们来说是全新的，我们不需要柏拉图的记忆理论来解释我们如何认识它。

现在有更多证据表明，人类解决问题的活动基本上是一种手段-目的分析的形式，目的是发现一个可以达到预期目标的过程描述。通常的模式是给定一张设计蓝图，找到对应蓝图的解决方案。这样的模式现在被应用于很多科学活动，例如通常给出一个自然现象，然后找到产生这些现象的过程的微分方程。

---

① H. A. Simon and A. Newell, "Simulation of Human Thinking," in M. Greenberger (ed.), *Management and the Computer of the Future* (New York: Wiley, 1962), pp. 95 - 114, esp. pp. 110 ff.

② *The Works of Plato*, B. Jowett, translator (New York: Dial Press, 1936), vol. 3, pp. 26 - 35. H. A. Simon, "Bradie on Polanyi on the Meno Paradox," *Philosophy of Science*, 43 (1976): 147 - 150.

自我繁殖系统的复杂性描述

为复杂系统找到相对简单的描述，不仅有助于理解人类对世界的认知，而且对于解释复杂系统如何自我繁殖也有益。在关于复杂系统进化的讨论中，我只是简单地提到了自我繁殖的作用。

高原子量的原子和复杂的无机分子证明了复杂性的进化并不意味着自我繁殖。如果从简单到复杂的进化有足够的可能性，它将反复发生；系统的统计平衡将发现大部分基本粒子参与复杂系统。

然而，如果一种特殊复合物形式的存在增加了另一种类似复合物形式产生的可能性，那么复合物和组成成分之间的平衡就会向有利于前者的方向大大改变。如果我们对一个物体有足够清晰和完整的描述，我们可以根据描述重现这个物体。不管繁殖的确切机制是什么，这种描述为我们提供了必要的信息。

现在我们已经知道，对复杂系统的描述可以采取多种形式，特别是我们对复杂系统可以进行状态描述（如蓝图）或者过程描述（如配方、实现方法）。繁殖过程可以围绕这些信息来源中的任何一个进行。也许最简单的办法是把复杂系统作为一个描述自身的模板，在这个模板上可以形成一个副本。例如，关于脱氧核糖核酸（DNA）的再生产，目前最可信的理论之一提出，DNA 分子以匹配部分（每一部分基本上都是另一部分的"负面"）的双螺旋形式展开，允许以螺旋的每一半作为模板，在此基础上形成一个新的匹配部分。

另外，我们目前对 DNA 如何控制生物体新陈代谢的认知表明，通过模板进行繁殖的过程只是其中之一。根据目前的主流理论，DNA 既是自身的模板，也是相关物质核糖核酸（RNA）的模板，而 RNA 又被作为蛋白质的模板。但根据目前的认知，蛋白质不是通过模板的方法来指导生命体的新陈代谢，而是作为催化剂来控制细胞内的反应速率。RNA 是蛋白质的蓝图，而蛋白质则是新陈代谢的配方。[1]

个体发生重演种系发生

生物体发育和活动所需的信息大部分都被包含在生物染色体中的 DNA 中。我们已经看到，即使目前的理论大致正确，这些信息也不是作为生物体的状态描述记录下来的，而是作为由营养物质构成和维持生物体的一系列"指令"记录下来的。我已经使用过配方的比喻；我完全可以将其与计算机程序进行

---

[1] C. B. Anfinsen, *The Molecular Basis of Evolution* (New York: Wiley, 1959), chapters 3 and 10 将证明我们这一概括性的、过于简化的叙述是适合的。对于可能控制分子结构的一些过程描述机制的富有想象力的讨论，见 H. H. Pattee, "On the Origin of Macromolecular Sequences," *Biophysical Journal*, 1 (1961): 683 - 710.

比较，计算机程序也是一系列控制符号结构构造的指令。让我列举一下后一种比较的一些结果。

如果从遗传物质与生物体的关系来看，它是一个程序，那么它就是一个具有特殊性质的程序。第一，它是一个自我繁殖的程序，我们已经考虑过它可能的繁殖机制。第二，它是一个通过达尔文进化论发展起来的程序。根据我们的钟表匠寓言论证，我们可以说，遗传物质的许多先辈也是子程序集的可行程序。

关于这个程序的结构，我们还有没有其他的猜想？生物学中有一个众所周知的概括，它的语言非常简洁，即使事实不支持它，我们也不愿意放弃它：个体发生重演种系发生。个体生物在其发展过程中会经历一些类似于其祖先形态的阶段。事实上，人类胚胎先发育出鳃，然后为其他目的而修改鳃，这属于一般化的一个熟悉的特殊现象。今天的生物学家喜欢强调个体发生只概括了种系发生最粗略的方面，而且仅仅是最粗略地重演。这些缺陷不应该使我们忽视这样一个事实，即这个概括确实是粗略地近似成立的，但它的确概括了关于生物体发育的一系列非常重要的事实。我们应如何解释这些事实？

解决一个复杂问题的方法之一是把它还原成以前解决过的问题，用以说明从以前的解决方案转到新问题的解决方案需要采取哪些步骤。如果在世纪更替的时候，我们想指导一个工人制造一辆汽车，也许最简单的方法就是告诉他如何改装一辆马车：去掉车辕，增加一个马达和变速器。同样地，在进化的过程中也可以通过增加新的过程来改变一个遗传程序，将一个简单的形态修改成一个更复杂的形态，例如取一个囊胚，将其改造成一个原肠胚!

因此，单个细胞的基因描述可能与将细胞组合成多细胞生物体的基因描述完全不同。通过细胞分裂进行繁殖，最起码需要一个状态描述（比如说 DNA），以及一个简单的"解释过程"，用计算机语言的术语来说，就是复制这个过程描述，作为更大的细胞分裂复制过程的一部分。但这样的机制显然不足以解释细胞在发育过程中的分化。将这种机制概念化似乎更自然，因为它是基于一个过程描述和一个更复杂的解释过程，这个过程在一系列阶段中产生出发育成熟的生物体，发育的每一个新的发展阶段反映了一个操作基因者对前一个阶段的影响。

要将这两种描述的相互关系概念化是比较困难的。它们一定是相互关联的，因为人们已经有足够多对基因-酶机制的研究表明这些机制在细胞发育过程（如细胞代谢）中起着重要作用。之前我们所得到的唯一的线索是，这种描述本身可能是层级结构的或者说是近可分解的，在结构上，单个细胞的快速、"高频"动态过程由低层控制，发育中的多细胞组织的缓慢、"低频"动态过程由高层的相互作用控制。

越来越多的证据表明遗传程序是以将控制细胞代谢的遗传信息与多细胞组织中控制分化细胞发育的遗传信息区分开的这种方式组织的。① 正如我们所知道的那样，我们极大地简化了理论描述的任务。关于这个猜测，也许我已经说了太多。

我们可能期望个体发生部分地重演种系发生，而对种系发生的描述是以过程语言储存的，这一概括在生物学领域之外也有应用。例如，在教育过程中知识的传播应用。在大多数学科中，特别是在迅速发展的科学学科中，从初级课程到高级课程的进展在相当大的程度上是科学本身概念史的进展。幸运的是，这种重演不是照搬，这点比生物学重演案例情况要好一些。我们在化学课中讲授热素理论并不是为了以后纠正它。（我不确定我能否列举出其他学科中我们这样做的例子）。课程修订让我们从旧有的知识体系中解放出来，但是这样的过程并不频繁，同时也是痛苦的。在多数情况下，部分重演可能是通往先进知识

---

① 有关这方面的更多讨论，见 J. D. Watson, *op. cit.*，特别是第 8 章和第 14 章。有关早期证据的一些评论，见 P. E. Hartman, "Transduction: A Comparative Review," in W. D. McElroy and B. Glass（eds.）, *The Chemical Basis of Heredity*（Baltimore: Johns Hopkins Press, 1957）, pp. 442 - 454。关于不同组织中不同发育阶段的基因分化活动的证据，高尔（J. G. Gall）在《染色体分化》一文中进行了讨论，见 J. G. Gall, "Chromosomal Differentiation," in W. D. McElroy and B. Glass（eds.）, *The Chemical Basis of Development*（Baltimore: Johns Hopkins Press, 1958）, pp. 103 - 135。最后，普拉特（Platt）曾独立地提出过一个非常类似于这里提出的模型，但它更完善。当然，这种机制并不是唯一可以通过过程描述来控制发育的机制。以斯佩曼（Spemann）的组织者理论所设想的诱导形式，是以过程描述为基础的，在这个过程中，已经形成的组织中的代谢物控制着下一阶段的发育。

的最快捷途径，但也并不总是可取的。

小结：对复杂性的描述

系统复杂与否很大程度上取决于我们如何描述它。现存的大多数复杂系统存在大量的冗余成分，我们可以简化这些冗余成分，对系统进行简单描述。要想利用好这些系统，我们必须找到正确的表现方式。

用过程描述代替自然界中状态描述的概念，在现代科学的发展中起到了核心作用。以微分方程或差分方程系统形式表达的动态定律，在很多情况下为简单描述复杂事物提供了线索。在前面的段落中，我曾试图表明，科学探索的这一特点既不是偶然的，也不是肤浅的。状态描述和过程描述之间的相互关系，是任何适应性生物体运作的基本条件，是它对环境有目的性地采取行动的能力的基本条件。我们现今对遗传机制的理解表明，即使在描述自身时，多细胞生物体也会发现一个由基因编码的过程描述程序是最简捷和有用的表现方式。

结　论

我们在本书中所涉及的推测引导了一系列的论题，但如果我们希望寻求多种复杂系统的共同特性，这一系列的论题就是我们必须付出的努力。我的主要论点是，通过层级理论构建一门正统的复杂系统理论。事实经验表明，在我们在自然界中观察到的复杂系统中，有很大一部分表现出层级结构。从理论上讲，我们可以期望复杂系统是层级结构的，在这个世界上，复杂性必须从简单性演变而来。在它们的动态过程中，层级结构带有近可分解的特性，极大地简化了层级结构的行为，同时也简化了对复杂系统的描述，让人们更容易理解系统发育或繁殖所需的信息如何合理地在一定范围内进行存储。

在科学和工程领域，对"系统"的研究是一项日益流行的活动。它的流行更多的是对进行综合和分析复杂性的迫切需求的反应，而不是对处理复杂性知识体系和技术体系中任何重大发展需求的反应。如果这种流行不仅仅是一种时尚，那么"需求"就必须成为发明的母体，并为其提供实质内容。本书评述的探索行为代表了寻找这种实质内容的一个特定方向。

译后记

21 世纪是一个充满竞争、富有挑战性、以科技创新为主导的世纪。科技的进步需要科学的决策、管理和生产，其领导者必须是科学、技术和经济方面的专家。本书的作者赫伯特·A. 西蒙就是这样一位全能型的通识大师，我们很难将他局限于某个领域。他不仅获得了 1978 年的诺贝尔经济学奖，1975 年的图灵奖，而且他在其所涉足的其他学科几乎都获得了学术上的最高荣誉。他的研究工作涉及经济学、政治学、管理学、心理学、社会学、运筹学、计算机科学、人工科学等众多领域。在本书中，西蒙综合运用了设计科学、经济学、管理学、认知心理学、复杂性研究，以揭示人工性和层级结构对复杂系统的意义，而人工智能正是建立在这种意义上，使计算机能够实现高层次的应用。在本书中我们可以看到人工智能是人工科学的下属分支，如今已经成为 21 世纪三大尖端技术之一。因此可以说，西蒙是人工智能的奠基者之一，他具有前瞻性的研究为人工智能的发展提供了宝贵的理论基础。

在这样的经济发展和科技背景下，笔者非常荣幸能够承接《人工智能科学》（第三版）的翻译工作，读者可以通过这本书反复揣摩这样一位科学界的通才的思想，汲取更多科技方面的经验和灵感。本书首次出版时还没有复杂性的概念，但西蒙已经从他所研究的领域中找到了共性，并且知道了复杂性在科学领域中的价值。在本书中，西蒙通过描述一只蚂蚁如何在海滩上越过障碍物回家的例子来说明其行为与人类行为的相似之处。他把蚂蚁视为一个行为系统，蚂蚁复杂的行为表现只是对所处复杂环境的外在表现，而本书用人替代蚂蚁，把人类思维当作行为系统。人工智能所要解决的问题就是确定怎样应用基本处理程序，产生与人类思想类似的行为。本书中讲述的人工科学和复杂性之间的关联就为人工智能要解决的问题的推进提供了一个研究的具体路径。西蒙在1969年的科学思想在20世纪和21世纪人工智能的成果中也得到了落实。例如EPAM和GPS等人工智能软件的问世，以及常用信息管理系统、电子商务、电子银行、微信等应用都部分证实了西蒙的科学思想。

西蒙教授的学术思想博大精深，在时间跨度上具有很强的穿透力和前瞻性。通过这本书，我们可以看到其科学思想在后来复杂性的工作中演变成了下一个科学，并且我们可以在这门科学中去推演、实验，以及与这些思想建立论证和联系，逐步将其落实到现实生活。这些值得我们反复思考的科学思想正持续地为 21 世纪改变传统的经济结构、生产组织和经营模式，推动生产力发展，促进科学技术进步添砖加瓦。

陈耿宣　四川省社会科学院经济研究所
陈桓亘　西南财经大学工商管理学院

图书在版编目（CIP）数据

人工智能科学：第三版 /（美）赫伯特·A. 西蒙著；
陈耿宣，陈桓亘译 . --北京：中国人民大学出版社，
2023.3
（诺贝尔经济学奖获得者丛书）
"十三五"国家重点出版物出版规划项目
ISBN 978-7-300-29621-0

Ⅰ.①人… Ⅱ.①赫… ②陈… ③陈… Ⅲ.①人工智
能 Ⅳ.①TP18

中国版本图书馆 CIP 数据核字（2021）第 140014 号

"十三五"国家重点出版物出版规划项目
诺贝尔经济学奖获得者丛书
人工智能科学（第三版）
赫伯特·A. 西蒙　著
陈耿宣　陈桓亘　译
Rengong Zhineng Kexue

出版发行	中国人民大学出版社		
社　址	北京中关村大街 31 号	**邮政编码**	100080
电　话	010 - 62511242（总编室）	010 - 62511770（质管部）	
	010 - 82501766（邮购部）	010 - 62514148（门市部）	
	010 - 62515195（发行公司）	010 - 62515275（盗版举报）	
网　址	http://www.crup.com.cn		
经　销	新华书店		
印　刷	北京联兴盛业印刷股份有限公司		
开　本	890 mm×1240 mm　1/32	**版　次**	2023 年 3 月第 1 版
印　张	10.125　插页 2	**印　次**	2024 年 2 月第 2 次印刷
字　数	180 000	**定　价**	88.00 元